フィッティングルーム

〈わたし〉とファッションの社会的世界

目次

1 小さな感動 006
2 世界へ流れ出す 010
3 世界とのかかわり 014
4 海外ブランド信仰への違和感 018
5 自分たちで価値をつくる 022
6 働く場所を決めること 026
7 バイヤーの仕事 029
8 資本主義完全支配前夜 036
9 ショーとヒエラルキー 043
10 女性による女性のための店 049
11 9・11 2001年 052
12 つながる 058
13 破壊のために戦わない、つくるために戦うデザイナーたち 065
14 プレスプレビュー 070
15 外から見えたもの 074

16 共感とコミュニティ 080
17 ウェブサイトに掲げたビジョン 086
18 1号店オープン 088
19 フィッティングルーム 095
20 〈わたし〉たちのラグジュアリー 101
21 3・11 2011年 105
22 3・11 2011年とそれから1ヶ月 113
23 成長への誘惑 139
24 拡大とネットワーク 145
25 不穏なパリ 154
26 パリ展示会 164
27 世界での競争のはじまり 171
28 小さなプレゼンテーション 178
29 デザイナー神話とスペクタクル 187
30 インスピレーション 193
31 スタイリストの仕事とその値段 197
32 クリエイティブクラスの生態 205
33 クリエイティブクラスとそのシステム 214

34 ショーへのハードル　225
35 ショーステイタス　232
36 王国のディストピア　238
37 もうひとつの創造　257
38 別れ　262
39 「このドレスは今日会う人へのわたしの想いなのです」　264
40 身体のその先にあるもの　268
41 35度の猛暑とセミの声、冬のコート　280
42 久しぶり　287
43 未来　294

自著解題
〈わたし〉の経験を意味づけ、
もうひとつのファッションの社会的世界を想像し、創造する　305

謝辞　340

The most personal is the most creative.

もっとも個人的なことが、もっともクリエイティブである。

—— Martin Scorsese, Bong Joon-Ho

小さな感動

〈わたし〉が〈ファッションをつくる〉ことを生業《なりわい》としたのは、祖父から贈られたワンピースに、ときめきで撃ち抜かれた経験《こと》にはじまる。そのワンピースは水色のカットワークレース素材で、脇に縫い込まれたリボンを後ろで結び、真っ白い上質なコットンの丸い襟が清楚さと可愛らしさを添えたデザインだった。白地にさまざまな赤い模様が配置された三越デパートの包み紙をひらき、箱をあける。その瞬間に、白い薄紙から顔をのぞかせるワンピースから受けた高揚と覚醒の感覚。それは、まだ数年の〈わたし〉の人生において一番の刺激的なできごとだった。届いた箱を部屋の畳の上に置いて座り、包み紙をひらく。顔を上げると青い空が広がり、部屋に流れ込む風が白いレースのカーテンを揺らす。そのときの情景までもが、やけにはっきりした記憶として〈わたし〉の中にある。

それをきっかけに〈わたし〉は服への興味を持つようになった。両親に連れられてデパートに行くと、子供服売り場を夢中で見た。エスカレーターから視界に入った真っ赤なケープ付きのコートに目を奪われ、買ってほしいと全身を使って母親にアピールした。ポンポンが先にあしらわれたケープの紐を首元で結ぶデザインだった。

中学生になると、友達が教えてくれたファッション誌を買いはじめた。『Mc Sister』が頻繁に特集を組むドゥファミリィのスウェットのグラフィックとデニムパンツのシルエットにどんなバリエーションがあるのか、全体像をどうしても知りたくなった。『Mc Sister』に挟み込まれた葉書を見つけ、できるだけ子供の字だとわからないようにと緊張しながら、名前、住所を書いて投函した。こないと思っていたカタログはすぐに届いた。60年代風のイラストが表紙に描かれたＢ４サイズだった。嬉しくて、さっそくそれを持って部屋に閉じこもった。最初の見開きページに、アイテムガイドとファブリックガイドが添えられていた。このガイドで、ペグトップパンツ、トレンチコート、10オンスブルーデニム、オックスフォードという言葉を知り、説明を繰り返し読んで覚えた。次の商品ページには、パンツ、シャツ、スカート、スウェット、バッグ、バンダナがアイテム別にレイアウトされていた。好きなデザインに印をつけ、コーディネイトを考え、毎日、何度もそれを眺めた。

自然に服の絵を描きはじめた。入学した高校は制服がなく私服通学だったので、毎日のコーディネイトをうまく組み立てる必要があった。手持ちの服をすべて黒のペンでスケッチし、色鉛筆で色をつけ、ワードローブカードをつくった。それをトップとボトムに分けて部屋の壁にピンで止め、カード同士を組み合わせながらコーディネイトを考えた。この時間は、自分の着こなしイメージを形にする神聖で真剣なプロセスで、あっという間に夜の12時を過ぎた。コーディネイトを実際に着てみると、スカートの丈を短くしたほうがトップとのバランスがいいことや、パンツのシルエットを少し細くするとすっきり見えることに気づく。そうなると、直さずにはいられない。そのあとさらに数時間かけて、手縫いでシルエットを改造した。

『Mc Sister』を卒業して、『anan』『Olive』が愛読雑誌になった。〈わたし〉が夢中になったのはファッションページではなく、ファッション業界で働く女性たちの姿を描く特集だった。そこに登場するのは、プレスやスタイリスト、販売スタッフやデザイナーなど、ファッションにかかわるさまざまな職業の女性たち。好きなことを仕事にし、自由にかつ生き生きと、自分の人生を生きる女性たちの姿は輝いて見えた。〈わたし〉は彼女たちから、刺激や感動、将来の夢を受け取ったのだ。

友達のあいだで、どんな仕事をしたいかが話題にのぼるようになっていた。小説家、編集者、建築家、テレビの報道、医者など、それぞれが将来の自分の姿を描きはじめていた。ファッション産業の中でどのような職種や役割があるのかは知らなかったが、〈わたし〉はファッションの世界で働くことを決めていた。

2

世界へ流れ出す

平成が誕生する1年前、1988年に〈わたし〉は大学を卒業した。翌年の11月9日にベルリンの壁が崩壊し、12月29日、日経平均株価が史上最高値の3万8957円44銭を記録した。〈わたし〉はすぐに就職せず、ファッションデザインの専門学校でアパレルデザインを学び、1991年に社会に出た。その年の4月の日経平均株価は2万6000円台まで下がっていたが[*1]、世の中に暗い雰囲気はなかった。入社した会社の新入社員数は過去最多だった。

選んだ就職先は、パリ、ミラノ、ニューヨークにスタッフを配置し、インターナショナルにファッションビジネスを展開する企業だった。海外店《みせ》と呼ばれるパリやニューヨークのオフィスから、情報はテレックスに届いた。出力される3枚重ねのカーボンペーパーをビリビリと破り、毎朝各チームに配る当番があった。ヨーロッパが朝を迎える東京の夕方になると、テレックスはふたたびガタガタと音を立て、MTGやKKN、YRSKといった、単語をできるだけ短縮し、情報量を小さくする工夫がされた暗号のような文字が並ぶ紙を吐き出していた。

入社から数年後、〈わたし〉は新しいプロジェクトの配属になった。そのプロジェクトは勤務先の親会社である大手商社、業界で常にトップ3の売り上げ規模を誇る大手アパレル企業、アメリカの通販からスタートしたブランドとの4社によるものだった。〈わたし〉に与えられたのは、プロジェクトの進行管理と日本でのマーケティング業務だった。アメリカのそのブランドは、すでに全米に店舗を構えていた。流行の最先端というよりは、丁寧に撮影された美しい商品写真による洗練されたイメージと、クオリティに比べて買いやすい値段でビジネスを伸ばしていた。大手アパレルがビジネスの運営主体として日本における店舗運営と商品企画を担当し、大手商社が商品製造と物流を、〈わたし〉が勤める会社が日本市場のマスターライセンサーとして、プロジェクト全体の管理・調整およびライセンシーへの情報の受け渡しを担当する仕組みだ。

100億円の売り上げを視野に入れた大型プロジェクトだった。

全員のデスクの上を、分厚いコンピュータが我が物顔で占領していた。その厚みは机の奥行きの半分以上を占め、Ａ４サイズのファイルを広げると机からはみ出してお腹にあたった。対外的なコミュニケーションは、ファックスからＥメールに替わっていた。週単位でアップデートされる商品企画シートがＥメールで送られてきた。そこには絵型のスケッチが並び、素材や原産国情報が記載されていた。メンズ、ウィメンズ、さらにデュラブル[*2]、ドレスなど、商品の特徴で分けられたラインごとの売り上げ、店頭のビジュアルマーチャンダイジングの指示、アメリカ全店舗の在庫情報、カタログ発行ごとに撮影されるイメージビジュアルなど、膨大な容量の資料がインターネットを通じて瞬時に送られてきた。広告出稿用のビジュアルデータは例外で、FedExを使ってＣＤ-ＲＯＭで送られてきた。

〈わたし〉は、朝オフィスに着くとすぐにコンピュータのスイッチを入れ、少しの時差のあと、立ち上がったコンピュータに届いたメールを確認した。

「これよくわからないから、すぐニューヨークに確認して！」

出社早々、同じようにEメールをチェックしていた上司から声が飛んできて、あわてて電話の受話器をつかむことがしょっちゅうだった。ニューヨークの相手が運良くつかまる場合もあったが、ニューヨークと東京の時差が13時間になるサマータイムのあいだは、電話はつながらなかった。ニューヨーカーが夜9時にオフィスにいるライフスタイルを送っていないのは想像がついた。東京からニューヨークにEメールで送った情報提供や承認を求めるリクエストは、〈わたし〉たちが寝ている夜のうちにニューヨークで効率良く処理され、東京の翌朝にはたいがいのリクエストへの回答が届いた。つまり、東京―東京間の倍速で仕事は進んでいた。夜も途切れることのない情報の膨大なフローの中にいた。

3

世界とのかかわり

データだけではなく、人も移動した。〈わたし〉も大手アパレルのプロジェクトのメンバーとともにニューヨークに出張した。訪問先は、ミッドタウンの6thアヴェニュー沿いにあるブランドの本社だ。社内でお茶を入れる習慣はなく、チームの新人がコーヒーを買ってきてくれた。日本ではまだコーヒーのテイクアウトはめずらしかった。口をラフにギュッとひねった、取っ手のない白い紙袋から取り出される特大サイズの紙コップから、コーヒーのいい香りと、東京とは違うライフスタイルの匂いがした。プロジェクトのメンバーは皆、頻繁に国をまたいで移動していた。それはいつものことだった。ブランド側の担当者も、ニューヨークから東京へ月に一度のペースでやってきていた。生産を管轄する大手商社の担当者は、香港と中国への出張が多く、東京で姿を見かけることはなかった。アメリカ販売分も含め商品の一部は中国で生産されており、香港経由で日本にドロップシップメントされ、残りはアメリカに出荷されていた。

アメリカ全土にあるブランドの主要店舗も訪問した。ポートランドとシアトルに出張した際には、ニューヨークのクリエイティブチームが運転するバンで、シアトルツアーに出かけた。彼らが行きたい場所として選んだのは、パタゴニアの小さなアウトレットショップだった。素っ気ないアルミサッシのドアをあけて店内に入ると、商品が無造作にハンガーラックにぶら下がっていた。途中で車を停めて、小さなスターバックスのスタンドで、サイズやミルクを指定するオーダーに戸惑いながらコーヒーを買った。パサパサした堅いパンのサンドイッチや、伸びきったパスタの上にコクのないトマトソースとミートボールがのったスパゲティの食事が続くと、口の中が痛くなった。日本食が恋しくなった。ホテルで日本食レストランについて尋ねると街の地図をくれた。それを手がかりに、唯一の日本食レストランに出かけた。一番失敗がなさそうなカレーライスをオーダーしたが、運ばれてきたそれには、福神漬の代わりに刻んだ黄色いタクアンが添えられていた。アメリカの地方都市ではまだ、日本文化は市民権を得ていない。日本はシアトルから遠い国なのだ。

アメリカのそのブランドは、創業者がまだ経営に関与していた。娘がデザインする新しいラインは、モノトーンを基調としたストイックでミニマルなもので、凜とした新しい女性像を表現していた。彼らのルーツである通販カタログとはテイストは異なるが、美意識が感じられるものだった。

勤務先の親会社である大手商社は、１９８７年にイタリアのブランドと独占輸入販売権契約を結んだ。[*3] ソフトスーツをコレクションの特徴とするそのブランドは、日本でブームとなり、海外ブランドビジネスの成功例となった。契約交渉を指揮した担当者の名前は、成功者として、称賛とともに新入社員の〈わたし〉のところにも聞こえてきた。本社ビルで行われるファミリーセールで、セカンドラインのジャケットを手に入れて着てみた。メイド・イン・イタリーのトロミのある素材でつくられた美しいジャケットだったが、少しくすんだ、ブランドの個性でもある青味の強いグレーが、〈わたし〉には似合わないような気がした。ビルの地下にある社員食堂には、１９９１年に大ヒットしたテレビドラマ『東京ラブストーリー』の鈴木保奈美を真似た、カチューシャをした女性たちが生息していた。皆、例のイタリアブランドがコレクションで発表した、ウエストに深いタックが入り、チューリップの花を逆さにしたようなシルエットのスカートをはいていた。

グローバルをキーワードとし、成長と成功を目指すことに疑いがなかった。〈わたし〉の上司たちは、イタリアブランドのような成功を我もと、海外ブランドとのライセンス契約獲得にエネルギーを注いでいた。「Think Global, Act Local」が、チームが掲げたモットーだった。

4

海外ブランド信仰への違和感

上司たちは、ニューヨークやミラノ、パリに拠点を置くブランドとの契約を獲得するため、相変わらず熱心に動きまわっていた。というより、課された予算を達成する方法が海外ブランドの日本導入だった。どうやら他の方法は視野に入っていないようだった。１９９５年の４月19日、東京外国為替市場で円が１ドル＝79・75円の史上最高値をつけ[*4]、海外からファッション商品を輸入するビジネスに追い風が吹いていた。しかしながら、ブランドとして確立されていて、かつ日本でも高い知名度を持つところは世界でも数少ない。当然だが、そうしたブランドには日本進出の提案が多数持ち込まれる。競合相手は他商社か大手アパレル企業、あるいはその連合軍だった。

ほしいのは日本への導入後、すぐに、ある程度の規模の売り上げが見込めるブランドだ。人気ブランドとの契約獲得が簡単ではないことは誰もが理解していた。相手も強気で条件交渉に出てくる。だがまれに、条件が見劣りする場合でも、契約交渉者のパーソナリティが気に入られたり、ブランドオーナーとの個人的な相性が良ければ契約に至ることもある。成功の確率は非常に低いがゼロではない。少し乱暴な言い方ではあるが、宝くじみたいなものだ。

上司たちは宝くじに当たる確率を上げるため、交渉相手の対象カテゴリーを広げていた。ニューヨークやミラノ、パリのファッションウィークでコレクションを発表しているデザイナーブランドにくわえて、アパレルチェーン、大手小売店のプライベートまでがターゲットになった。ファッションウィークで発表しているブランドの商品は、他とは違う個性があり魅力的に見えた。しかし、アパレルチェーンや大手小売のプライベートブランドはデザインや素材に特徴がなく、いわゆる普通だった。むしろ日本でつくられる商品より大雑把な印象だ。これらの商品にライセンス料を支払って仕入れる価値はあるのだろうかと思った。もちろん口には出さなかった。自分たちで企画し、日本で生産したほうが、同じ値段でも丁寧につくられた上質なものができるはずだ。上司たちは生産のプロでもあった。

自分たちで商品をつくるほうが利益率は高い。それだけではなく、ブランドの方向性や企画内容を判断し、コントロールできる利点もあるのに、なぜだろう。長期的な視野でブランドを育てていくことも可能だ。それは資産になり価値を生むはずだ。うまくいけば、ライセンスを売ることもできる。今までとは逆の立場だ。企画・製造・販売の機能があり、自社ブランドを開発できる大手アパレル企業や商社が、海外ブランドとライセンス契約をするのは理屈に合わないような気がした。

とはいえ、上司たちが海外ブランド導入に専念する理由はあった。商品をつくるだけでは売り上げにはならない。売り上げをつくるには売り場が必要なのだ。それも、集客力があり、高い坪効率を叩き出せる複数の売り場だ。この頃、百貨店の集客力は、他のチャネルに比べて圧倒的だった。なかでも、ワンランク上の坪効率を誇る新宿伊勢丹や梅田阪急に売り場を構えることは、ビジネスを成功に導く方程式であった。25坪程度のスペースで、年間4億円を売り上げる絶好調ブランドが存在した。彼らが叩き出す坪効率は月坪120万円以上[*5]ということになる。

百貨店に出店し、合格ラインに達した売り上げ[*6]を叩くと、その数字は全国の百貨店に瞬時に伝わる。百貨店同士が連携する仕組みのおかげで、短期間で全国の百貨店に売り場を確保できるのだ。まさに、百貨店との取り組みにより、すぐに、売り上げがつくれるのだった。幅広い世代が訪れる一流百貨店への出店は、ブランドの知名度と信頼度を上げるブランディングの効果もあった。

百貨店出店のメリットは他にもあった。初期費用が少なくて済むことだ。百貨店は売り上げに対する家賃比率は高いが、路面店やショッピングセンターに出店するより初期投資が軽く済む。路面店やショッピングセンターへの出店は数ヶ月の保証金を預けることが要求されるが[*7]、百貨店は不要だった。さらには、商品納入率やその他条件とのバランスではあるが、百貨店がインテリア工事のコストを負担してくれることもめずらしくはなかった[*8]。百貨店のバイヤーを説得できれば、少ない初期投資で一気に売り場を確保し、ある程度の規模の売り上げを短期間でつくることができる。だから、百貨店のバイヤーが社内を説得しやすい知名度のある海外ブランドを導入することが、多くのアパレル企業の目標になるのだった。

5

自分たちで価値をつくる

なぜ、日本で、自分たちの手で、ブランドをつくろうとしないのだろう。答えはわかっていた。短期間で大きな売り上げをつくり、すぐに回収をする。それが可能なのは知名度のある海外ブランドだ、という思考回路によるものであった。そんな考え方が産業構造を支配していた。〈わたし〉は、海外のブランドのノウハウを日本に伝える仕事がだんだんつまらなくなっていた。そして、自分の手で価値をつくり出していきたいという気持ちが大きくなっていた。日本人である〈わたし〉たちが、海外のブランドばかりを追いかけるのは腑に落ちなかった。日本のファッション産業自体が自分で価値をつくるようにならないと、海外ブランドに依存する今の構造は変わらない。最初の一歩を、どこかで踏み出す必要があるのだと考えはじめていた。

皮肉なことに、とはいえ、簡単に予測できることだが、条件が折り合いやすく日本導入までが比較的容易なブランドは、女性たちがほしいものと一致しない。つまり売れないのだ。掛け率やロイヤリティなど経済条件のシミュレーション、そんなことより、まずは、〈わたし〉自身も含め女性たちがほしいと思う商品であることが、一番重要なはずだ。ブランド導入の決済権を持つ商社やアパレル企業、あるいは小売業の役職者間で行われる判断には、商品そのものはあまり関係ないようだった。この視点の差異《ズレ》は埋まらないように思えた。お金をいただくならば、自分が自信をもってすすめられる商品でありたい。ブランドの良し悪しを判断をするのは企業の役職者ではない。実際に商品を買う女性たちだ。〈わたし〉は彼女たちの反応をダイレクトに感じられる仕事がしたいと思った。

１９９６年、大学時代の友人のつながりから、上場前のセレクトショップに転職した。１９８９年に創業し、「新しい日本のスタンダードをつくる」を経営理念に掲げていた[*9]。セレクトショップという日本独自の言葉が生まれ、多くのファッション雑誌が特集を組んでいた。

「新しい日本のスタンダードをつくる」という言葉に価値創造への気概を感じとった。雑誌の誌面に登場するショップスタッフやプレス、バイヤーたちは、それぞれが思い思いの着こなしでとても自然に見えた。やけに細いシルエットのスーツの人。ボタンダウンの半袖シャツに短パンの人。坊主頭の人。極太のセルフレームメガネを掛けた人。肩にかかるさらさらボブヘアの片側を耳にかけた、たぶん男性。きれいなシャツとパンツのシンプルなコーディネイトの女性は強くて知的な印象。エスニック調の刺繍に彩られたアウターを着ている女性はとてもカラフル。似ている人は誰もいない。それらが伝えているのは服の情報ではなく、新しい装いの文化と、それをつくる「人」の存在だった。

〈わたし〉が入社したのは、売り上げがもうすぐ１００億円に届く頃だった。オフィスは明治通り沿いのビルの２階と５階、２フロアを借りていた。ワンフロア60坪弱の広さで、下のフロアを商品部と店舗営業部が、上を経理や人事部が使用していた。〈わたし〉のデスクがあった２階の窓から、東郷神社の鳥居と白い砂利道が見えた。同じフロアで仕事をする社員はまだ20人弱で、ウィメンズ担当に絞ると10人程度の小さなチームだった。商談スペースのテーブルも２台のみ（３台だったかもしれない）。ちなみにテーブルはル・コルビュジエのＬＣ６を使っていたが、ガラスの天板に残る指紋の跡が厄介だった。それ以外は、スチールのオフィス家具と椅子、グレーのパーテーションによる、ごく普通のオフィスだった。

有楽町にある百貨店内に出店したことをきっかけに、買い付け商品からプライベートブランドに商品構成の比重を移すことが次の目標だと説明を受けた。これまでの店舗は渋谷や原宿、大阪心斎橋、福岡天神の路面店だった。有楽町の百貨店内店舗は、路面店と比べると格段に客数が多いようだった。プライベートブランドは、他社にはない自社のみの商品であることはもちろん、商品の内容や値段、納期を自身の手でコントロールできる。かつ何よりも利益率が高いのが魅力だ。プライベートブランドを拡大することで、商品の供給を安定させ、利益も増やす方針だった。〈わたし〉の入社と同じタイミングで、他に３人が商品部に入社した。男性２人はどちらも生産管理の担当で、もう１人の女性はニットの企画生産が担当業務だった。

6

働く場所を決めること

「創業時に出資した企業から、ここを清算しろと言われて自分は出向してきたんだよ。じつは」

このセレクトショップを運営する会社にいる理由を、友人が話してくれた。転職してから少しずつ、創業当時の様子を知ることになった。立ち上げ当初は赤字が続いていたようだ。

「会社の理念やビジネスに可能性を感じたんだよね。創業者のカリスマ性にも惹かれ、この人すごいと思ったからかなあ。だから、清算するはずの企業に移籍することを選択して、今ここで仕事しているんだよね」

売り上げ規模で比較すると、出資元のほうがいい会社ということになる。それが世の中の一般的な評価だ。家族も安心だろう。しかし、そうではなく、会社の理念やビジネスの背景にある想いへの共感や自分の信じるものを軸にして、働く場所を決めるのは正しい選択のような気がした。

そしてどうやら、投資家というものは総じて、短期的なリターンでしかものを考えない、我慢が苦手な人種らしい。このセレクトショップへの投資は予定より長く我慢を強いられたが、最終的に投資家は利益を手にしたようだ。

「笑っちゃうんだけどね。最初の赤字時代には、創業メンバーの1人である営業担当役員が、お買い上げ商品を包む薄紙を3枚から1枚に減らす号令を出したのよ」

社内に伝わる笑い話の一つを、先輩が話しはじめた。お買い上げいただいた商品を、3枚重ねた白い薄紙で、丁寧に、そして感謝を込めて包む。会社の誰もが疑わないルールだ。薄紙の単価は知れている。3枚から1枚に減らすコスト削減効果がどのぐらいあるかは疑問だ。しかし、それをも削ってなんとか会社に利益を出そうという彼らの執念を感じた。

笑い話のはずが〈わたし〉には笑えなかった。創業メンバーの会社への想いと、自分たちのビジョンやビジネスモデルは正しいと信じているけれど利益が出ない苦しさ。それらが伝わってきて胸の奥がギュッとつかまれ、苦しくなった。目標に向かって黙々と仕事をする彼らの姿が目に浮かんだ。同時に、目頭が緩んで涙が出そうになった。けれど、自分の気持ちが動いて泣きそうなことはしまっておきたかった。〈わたし〉は先輩に気づかれないよう、笑顔で、かつできるだけ普通に言葉を返し、ランチのチキンフリカッセを口に入れた。

「本当に大変だったんですね。立ち上げ当初は」

7

バイヤーの仕事

そのセレクトショップを運営する会社は、〈わたし〉が転職する直前の１９９６年３月期に売上高62億４４００万円、経常利益８億３５００万円を記録して累積赤字を一掃したところだった。[*10] １９９８年の日本のＧＤＰ成長率がマイナス1.5%であったにもかかわらず、１９９８年３月期に売り上げは96億６２００万円となり、[*11] 成長の真っ只中にあった。社員１００人程度の会社の売り上げが半年で10億円増える急激な上昇カーブだ。当然、会社の組織編成も半期ごとに見直しが入り、〈わたし〉の担当業務もそのたびに変わった。

ある日突然、ウィメンズのカジュアルブランドを立ち上げるよう指示されたときは驚いた。メンズには「ブルーレーベル」がすでにあり、売り上げの柱の一つになっていたが、ウィメンズにはカジュアルシーンのための自社ブランドはなかった。内容についての指示は「イメージはPUFFY」。ブランド名は「ピンクレーベル」。それだけだった。PUFFYとは、当時流行っていた女性ミュージシャンデュオのユニット名だ。PUFFY

をイメージに、10コーディネイトほどの絵を描き、担当になった生産スタッフとともにサンプルをつくった。とにかくピンクレーベルは誕生し、その後、追加業務として、すでに軌道にのっていたウィメンズの自社レーベル二つを担当するマーチャンダイザーを言い渡された。しかしこれも、あっという間に半年で首になり、代わりに、インターナショナルデザイナーズのコレクションを買い付けるバイヤーに任命された。ちょうど入れ替わるかたちで前任のバイヤーがピンクレーベルの担当になった。

この担当変更も今まで通り突然だった。辞令が社内で発信されるわけでもなく、

「次から買い付け行ってくれる？」

と役員兼商品部長に告げられただけだった。

ブランドの立ち上げ同様、商品の買い付けもまるで経験がなかった。無謀にも買い付け予算はすぐに割り当てられ、成果を上げなければならないことだけは確かだった。

会社から聞いた唯一の買い付け方針は、先駆性、時代性、独自性と定めた三つの商品区分がそれぞれ10%、60%、30%になることだった。まずは予算を管理するエクセル表を作り変えた。縦軸のブランド名を三つの商品区分の順に並べ替え、それぞれの区分が全体の何割になっているかが一目でわかるよう計算式を入れた。横軸には配分する店舗名を加えた。店舗ごとに商品区分と価格帯を組み立てながら買おう。自分の買い付け方針を自分で決めた。

会社が定義する商品区分は、売れる・売れないという基準ではなかった。先駆性とは、今まで見たことのないような驚きがあり、次の時代を切りひらくであろうもの。時代性とは、まさに今マーケットで必要とされるもの。独自性とは、自分たちのところでしか取り扱いがなく、かつ微修正を加えながら売り続けていくものであった。

「今売れちゃってるんだったら、それは先駆性じゃないってことだよ。たとえば半袖のコートとかね」

先駆性を体現する商品の買い付けが一番難題だった。その時点では一般に理解されないが、数年後に市場に受け入れられるものだ。単なる奇抜ではなく、10年先に市民権を得るのは何かを見分ける力量が求められる。

一方、いち早く海外の情報を入手することも重要な仕事だった。1998年当時、海外におけるファッションショーの最新動向は、限られた一部の人だけが手に入れられるものだった。ファッションショーの情報に時差なくアクセスできるのは、一部のバイヤーとジャーナリストの特権なのだ。海外のショールームで見かける日本人バイヤーもまだめずらしかった。ビームス、ベイクルーズ、バーニーズの顔なじみのバイヤーたちと、東京以外のセレクトショップの名物オーナーに限られていた。ショーで発表されたルックの写真を色やデザインの特徴で分類し、トレンド情報として売るファッションセミナーと銘打ったビジネスも盛んに行われていた。

買い付けの進捗を管理するエクセル表を常にデスクの傍に置きながら、『アメリカン・ヴォーグ』『イタリアン・ヴォーグ』『ヴォーグUK』『フレンチ・ヴォーグ』『W』『i-D』

『フェイス』や各国の『エル』『ハーパースバザー』など、海外のファッション雑誌やインテリア雑誌をくまなくチェックした。知らないブランドがあれば、そのページをコピーしてファイルに入れた。シーズンに一度発行されるブランド別にショーのルックを網羅した分厚い雑誌も、見逃したブランドを確認するのに役に立った。

海外出張に出る前に、雑誌やネットワークから情報を得た候補ブランドをよりくわしく調べたかった。しかしまだ、独自のウェブサイトをオープンしているブランドは少なかった。目的地に到着した初日には、その都市で影響力のあるショップのリサーチをするのが鉄則だ。事前に調べたブランドの商品を実際に手に取って、自分の目でクオリティと値段のバランスを確認した。そのブランドが、ショップのどのフロアに、どのブランドの隣に、どのぐらいのスペースで、何型ぐらい取り扱われているのかが重要な情報だった。ニューヨークではバーニーズやバーグドルフ・グッドマン、ロンドンだとセルフリッジやハーヴェイ・ニコルズ、その他、ブラウンズやジョセフなど現地の名物セレクトショップに足を運んだ。出張中に偶然気になるブランドを見つけることもあった。見つけたらアポイント希望の連絡を入れる。予想外の、しかし貴重な出会いのために、出張の最終日は空けておいた。滞在期間のできるだけ前半に、現地に住む友人や知人たちと食事やお茶に出かけ、話題になっているものなどの話を聞いた。リアルな生活の中にある情報を、自分のネットワークから得ることは重要だった。先輩バイヤーたちは、他国のバイヤーやジャーナリストたちとのネットワークを構築して、そこから独自の情報を入手しているようだった。ショー会場や展示会場で顔見知りに積極的に話しかけ、ビジネスの状況や家族の話などの近況報告がてら、今季注目のショーやブランドの情報を入手していた。

「日本初上陸」
「日本での展開はここだけ」

そんなキャッチコピーがメディアの見出しを飾った。メディアからの質問も決まっていた。

「ニューヨークやパリからの新規導入ブランドは何ですか?」

「今シーズン一押しの海外ブランドを教えてください」

海外と日本の情報格差が、価値を生んでいた。

8

資本主義完全支配前夜

会社は成長の真っ只中にいたが、成長という概念について立ち止まって考えたことはなかった。会社が拡大することは当たり前であり、ファッション産業の成長に疑問を抱く声は聞こえてこなかった。必要以上に消費を刺激してものを売る循環の中に自分がいるという感覚を覚えたこともなかった。〈わたし〉の勤務する会社は、1999年に上場を果たした。株の公募価格8000円に対して初値1万5000円をつけ、当時の売り上げ143億円に対して、初値での時価総額は1193億円[*12]となった。この会社だけではなく、世界中のファッションビジネスが成長することに熱狂していた。送られてくる展示会のインビテーションはダンボール一箱分になり、バイヤーがつかまらないという会社へのクレームに対応するため、携帯電話を支給されたのもこの頃だった。

〈わたし〉がインターナショナルデザイナーズの担当になった当初、買い付けの対象はニューヨークのマーク・ジェイコブス、ロンドンのクレメンツ・リベイロ、ミラノのジル・サンダー、パリではドリス・ヴァン・ノッテンやマルタン・マルジェラだった。1997年にマーク・ジェイコブスがルイ・ヴィトンのデザイナーに就任して以来、デザイナー自身が創業したブランドやデザイナー本人が大資本に少しずつ取り込まれはじめていた。〈わたし〉が買い付けていたブランドはまだ、創業者資本で運営されていた。コングロマリットが所有するビッグなラグジュアリーメゾンというよりは、デザイナーや運営者の顔が見えるファッションのブランドだった。売り上げをつくる工夫はもちろんされていたと思うが、それよりも、そのデザイナーらしい、良い意味で個性的な商品が中心だった。ショールームは、体育館のように巨大ではなく、サンプル数も見る側が途方にくれるほど多くなかった。

ファッションサーキットは半年に一度だった。2月の10日頃と9月の10日頃、ニューヨークからファッションウィークははじまる。その後、ロンドン、ミラノ、パリへと約1週間単位で移動していく。それにともなって、ジャーナリストやバイヤー、スタイリストやヘアメイク、ショーにかかわる裏方関係者も一斉に移動するのだ。人の大移動をともなうファッション産業の一大イベントは、ニューヨークでのスタートから約1ヶ月後、3月の第1週、あるいは10月の第1週にパリで幕を閉じる。ミラノからパリへの移動、パリから東京に戻る飛行機は知り合いばかりだった。ファッションウィークの関係者たちが仕事を終え、それぞれのホームタウンへ帰ったあとは、パリのサントノーレやアヴニュー・モンテーニュ界隈は急に静かになるのだった。

ファッションウィーク最初の都市、ニューヨークに出かける目的は、マーク・ジェイコブスのコレクションを買い付けることだった。そのショールームは、ソーホーのスプリングストリートとクロスビーストリートが交差する角のビルにあり、1階のスターバックスが目印だ。日本市場におけるパートナーはルック社で、担当者が日本からやってきていた。彼らの出張スケジュールの都合なのか、マーク・ジェイコブス社の都合なのかはわからなかったが、日本のバイヤーは週末のみアポイントができた。[*13]本国のスタッフは休みで、他の国からのバイヤーがいないショールームは、静かでリラックスした雰囲気だった。ビル1階の管理人も休みだった。

ビルエントランスのブザーを鳴らし、ドアロックを解除してもらう。エレベーターで

5階まで上がりドアがひらくと、そこはすでにショールームだ。正面にはいつも、白いカラーの花がガラスの大きな花瓶に無造作に生けられている。右手にあるショールームは小さく、商談テーブルもなかった。窓に沿って6ラックほどが並び、そこにサンプルが掛けられている。壁沿いの棚には畳まれたニットが重なりながら乱雑に並び、棚の下には同じデザインのシューズが大量に押し込められていた。ショーでモデルが履くためにつくられたのだろう。ニットもシューズも売るつもりがないように見えた。

買い付けをはじめてから数シーズン後、バッグのサンプルに別の部屋があてがわれるようになった。ぎゅうぎゅう詰めに置かれている服のサンプルとは対照的に、一つひとつのデザインが際立つようたっぷりと間隔が取られ、美しく棚に並んでいる。バッグの売り上げを拡大する戦略に舵を切ったことは明らかだった。イットバッグという言葉を誰もが口にするようになったのも、この頃だった。

バスルームに行く途中、あいているドアから部屋の中が見えた。サンプルを組み立てるアトリエだった。大きなパターン台とアイロン台が中央に配置され、その周りにサンプルや生成のトワルが雑然とラックに掛かっていた。部屋の端にはスチールのパーツで組み立てられた棚があり、生地のロールが横に寝かせた状態で積まれていた。ニューヨーク7thアヴェニューのガーメントディストリクトにアトリエを構える小さなブランドのそれと変わらなかった。

1985年にミラノを拠点に再出発したジル・サンダーは、他のブランドと状況が違っていた。ミラノのショールームは美しく、そして巨大だった。1階の受付からショールームに続く階段の踏板は、柔らかいベージュの分厚い大理石だった。大理石の厚みから感じる重厚感と、踏板と黒い手すりだけのストイックなデザインが緊張感を醸し出していた。ショールームは2階だが、天井が高く、階段の距離はゆうに3階分以上だ。息を切らしながら長い階段を上がりきると、真っ白い空間が姿を見せる。ゲストを迎えるための部屋だ。正面に置かれた大きな白いローテーブルの上に、たくさんのガラスの花瓶がランダムに配置され、白い花がセンス良く生けられている。まさにジル・サンダーの世界だ。惜しみなくたっぷりと生けられた白い花のボリュームとその美しさに見惚れていると、右へ進むように案内される。促された方向へ歩くと、さらに巨大な白い空間が現れる。そこがショールームだ。体育館を思わせる広い空間を囲むようにぐるりとラックが配置され、さらに中央にもラックが2列に並んでいる。中央のラックに掛かるのは、ショーで発表されたルックのサンプルだ。左側には仕切られた別の空間があり、ベーシックなシャツとカットソーが展示されている。

「はあ～」

これからはじまる仕事が長時間になる予感にため息が出た。一度の展示会に服だけで300点以上のサンプルが並ぶ、とてつもなく巨大なブランドになっていた。

〈わたし〉が勤務するセレクトショップが上場し、企業価値が1千億円を超えた快挙に沸いたその年、ジル・サンダーはプラダ・グループに75%の株を売却した。成長を続ける同ブランドがアジア金融危機を経て、継続的で力強い経営パートナーシップを求めていたことが理由と報道されていた[*14]。

しかし、翌2000年、ジル・サンダーは自身が創業した会社を去った。

6

ショーとヒエラルキー

マーク・ジェイコブスのショーは、ニューヨーク・ファッションウィーク最終日の20時スタートと決まっていた。ミラノやパリに先駆けてシーズンの最初を飾る一大イベントのハイライトだ。マーク・ジェイコブスのショーを見るのは、ニューヨークに出張する目的の一つではあったけれど、一方で、そのスタート時刻が〈わたし〉を憂鬱にさせた。ショーが定刻にはじまることはなく、かならず遅れる。1日の最初のショーは朝9時からスタートするが、少しずつ遅れが積み重なって、最後のショーは約1時間遅れが慣習のようになっていた。待ち時間が50分を過ぎた頃から、観客がブーイングをはじめる。バイヤーの〈わたし〉は買い付けの対象になるブランドにしか足を運ばない。しかし、レビューを執筆するジャーナリストは、1日に10件以上あるショーを朝から夜まで見続ける。1時間遅れに文句を言いたくなる気持ちもわかる。ファッションウィーク中の1週間は、帰宅が早くて夜10時。そこから食事をして、速報記事を明日の朝までに書き上げるのは、身体への相当な負担だろう。

ショーが〈わたし〉を憂鬱にさせるのは、別の二つの理由だった。出張時に単独行動することが多い〈わたし〉は、夜遅い時間のショーの帰りがいつも不安だった。ニューヨークやパリは東京のような安全な都市ではない。さらに、会場の面白さや斬新さ、話題性を求めて、中心地から遠い場所を選ぶデザイナーが多いのだ。人通りの少ない、それも中心から離れた場所で、万が一、夜10時にタクシーが拾えなかったら1人で地下鉄に乗らなければならない。それを想像すると、行くのをやめたい気持ちになった。ニューヨークやパリで、遅い時間に1人で地下鉄に乗るのは本当に憂鬱だった。

二つ目の理由は、ショーのシートナンバーが業界内のヒエラルキーをあからさまに表すからだ。会場をざっと見渡すと、世界で、まさにいま、どの国が重要視され、バイイングパワーを持っているかがすぐにわかる。そのブランドが日本のマーケットにどれくらい力を入れているか、さらに、バイヤーが所属する会社をどう評価しているかが一目瞭然なのである。マーク・ジェイコブスの場合、日本のプレスやバイヤーたちは全員、モデルがランウェイに登場する出入り口に一番近い、いわゆる末席のブロックが定位置だった。

シートナンバーは、滞在先のホテルに届けられるインビテーションに記載されている。カリグラフィーの美しい文字で、ゲストの名前の横にA-3、C-12のように書かれた記号と数字がそれだ。誰をどのシートに座らせるのかを決めるのは、ブランドのプレスと営業担当だ。それぞれのブランドがデザインのアイディアと個性を競い合い、美しい文字で飾られるインビテーション。一方で、シートナンバーには業界の勢力図が生々しく見て取れる。ジャーナリストの場合、編集長はフロントロー。バイヤーは、著名百貨店の幹部やバイイングパワーを持つショップの経営者がフロントローだ。ブランド側から見た雑誌の評価が短期間で変わることはないようで、エディターたちの位置関係はあまり変わらない。それでも、新たなアクターが生まれると変化が起こった。ブロガーが人気になればブロガーが、ウェブ媒体が人気になればウェブ媒体の編集者がフロントローを飾るのだった。バイヤー席は、ジャーナリストより変化が大きかった。オーダー金額の増減、取引の開始や中止がショーの席順に直結する。あからさまな、しかし違う角度から見るとフェアな、経済合理性が判断基準として徹底された世界だ。オーダー金額が減ると、翌シーズンのショーでは後ろの席に送られる。まるでテストの点数順で席が入れ替わる受験生のようだ。それは著名百貨店でも同じで、取引がなくなると後方の席に送られる。ランウェイを挟んだ向こう側の観客席はよく見える。

「あの百貨店と取引がはじまったんだ」

パワーバランスやマーケットの生々しい変化を、ショーの開始を待ちながら眺めた。

時計を見ると、予定時刻からほぼ1時間。我慢の限界に近づいてきた頃、スタッフが小走りで現れてランウェイを覆うシートを剝がす。もうすぐはじまる合図だ。ざわついていた観客たちもおしゃべりをやめ、会場が静まる。

「脚を引いて！」

ランウェイ正面の指定場所に陣取ったカメラマンが、写真に入り込むほど脚を伸ばしている人に怒鳴り声を上げる。カメラマンにとっても真剣なビジネスの場だ。会場の空気が一気に引き締まる。そして、音楽とともにランウェイに登場するファーストルックのモデルを全員が見つめる。

デザイナーはこの服で何を表現しようとしているのだろう。
どのような女性像を描いているのだろう。
女性たちが生きる社会やライフスタイルをどう捉えているのだろう。
コレクションを通して伝えようとしているのは何だろう。

「ところで〈わたし〉はこれを着たい？」
「これが似合う人が思い浮かぶ？」

会場から拍手が起こった。会場でルックを見つめる観客たちの視線を追うと、巨大なボリュームに膨らんだ、変な帽子を被ったスペクタクルなルックがランウェイを歩いている。歩くモデルを目で追いながら、〈わたし〉は繰り返す。

「ところで〈わたし〉はこれを着たい？」

「これが似合う人が思い浮かぶ？」

10

女性による女性のための店

創業者たちが男性ばかりだったからなのか、メンズのイメージが強い会社だった。一般的にはウィメンズ衣料の需要が大きいにもかかわらず、メンズの売り上げが多かった。ウィメンズの商品も男性目線によってセレクトされた、つまり、男性の傍らに寄り添う女性をイメージしているようで、〈わたし〉には違和感があった。

「女性たちはこれで満足するのだろうか。この会社にウィメンズの商品だけを扱うお店をつくりたい」

男性の隣にいる女性ではなく、自分の好きなものを自分のために選ぶ自立した女性のための店だ。

「そうそう、それだよね」

という、彼女たちのリアルな声に応えたいと思った。きれいな色からもらう元気や、気持ちがいいという感覚。心の奥に潜ませている何かを呼び起こす力や、「そうそう、それだよね」という共振に満ちた空間。女性たちと親密なコミュニケーションが生まれる場所。そんな環境をイメージした。店で時間を過ごすことで自己解放されるような、生のエネルギーがあふれる特別な時間と空間を思い描いた。

企画書を書いて社長に出してみた。Ａ４用紙３枚程度に簡単な構想を綴っただけのものだった。収益を含む事業計画の提出と精度のアップを命じられるに違いない。ところが、

「やってみたら」

という答えが返ってきた。ウィメンズの売り上げを伸ばしたい会社の思惑と一致したのだろう。２００１年２月に、会社として初めての、ウィメンズの商品だけを取り扱うショップをオープンした。場所は渋谷と原宿のあいだの裏通りだった。

その後〈わたし〉は新業態の担当になり、今までの業務を後輩に引き継ぐことになった。２００１年９月のニューヨーク出張は、いつものように１人ではなく、後任の女性バイヤーと２人で出かけた。

9・11　2001年

2001年9月11日、〈わたし〉はニューヨークにいた。

ショールームのアポイントは朝9時半だった。時差と移動の疲労ですぐに起き上がれず、しばらくベッドの中でぐずぐずしていた。出張の直前は、できるだけ多くのショールームをまわれるようにアポイントを最終調整したり、溜まってしまった仕事を片付けたりして、いつも激務になる。目覚ましはとっくに鳴り終わっていた。

あきらめてベッドから起き上がった。身支度をバタバタと進め、テレビや新聞も見ずにあわててホテルを飛び出した。すでに9時を過ぎていた。

タクシーがすぐにつかまればまだ間に合う。ところが、遅れそうなときに限って道を走るタクシーが極端に少ない。やっと見つけた車もOFF DUTYの表示をつけて〈わたし〉に目もくれず通り過ぎる。何か変だと思ったが、いつものことだろうと気にしなかった。常にストやデモがあるニューヨークだ。

やっとタクシーに乗り込みショールームの住所を伝えた。到着すると、部屋のライトがついていない。まだオープンの準備ができていないようだ。ファッションウィーク中はどのショールームもバイヤーたちで賑わっているのが普通の光景なのだが、誰もいない。ふたたび違和感に襲われた。

奥から出てきた女性が少し驚いた顔をして〈わたし〉を見た。

「テレビ見てないの？　ウォール街のビルが吹っ飛んだのよ。私たちも帰るから気をつけてね」

何が起こったのか、まだよくわからなかった。ただ、何か事件が起こったということは理解した。とにかくホテルに帰ろうと決めて、ショールームの彼女に挨拶しエレベーターで1階に降りた。

ビルから外に出てあたりを見まわした。あちこちから聞こえるパトカーや消防車のサイレンが重なって、空間がいまにも破裂しそうだった。南へ視線を向けると、煙がモウモウと立ちあがり、空一面がグレーになっているのが見えた。タクシーに向かって手を上げたが、どのドライバーも首を横に振って通りすぎた。

「かなりまずいな」

タクシーを追いかけるのをあきらめた。ゆっくり息を吐き出してから、通りの人びとに視線を移した。車両通行止めになった道の真ん中に、これからの行動を話し合うグループがいくつもできている。情報を得ようと彼らの後ろに近づき、聞き耳を立てた。

「テロ」

という単語を耳にしたのと同時に、けたたましいサイレンを鳴らして数台のパトカーが駆けつけ、警官がビルの入り口に黄色いポールを立てた。あっという間に黄色いテープが張り巡らされ、目の前のビルが立ち入り禁止になった。

「このビルから離れてください」

パトカーのスピーカーから発せられたアナウンスと同時に、空気を引き裂くような悲鳴が上がった。人びとが一斉に路上を走り出す。今まで感じたことのない恐怖に襲われて、〈わたし〉もすぐ前にいた女性と同じ方向に走った。グランドセントラルに爆弾が仕掛けられているらしい、いやエンパイア・ステート・ビルが危ない、5thアヴェニューも危ない。不安を増殖する声が聞こえてくる。

「もしかすると目の前のビルが爆発するかもしれない」

そう思った瞬間、〈わたし〉も死ぬかもしれないという考えが頭をよぎった。足が震えているのがわかった。死を自分ごととして、初めて意識した瞬間だった。緊張のあまり考えがまとまらなかった。

「どこをどう歩けばいいのだろう」

決心がつかずにいた。ふと、6thアヴェニューは大丈夫という会話が聞こえた。

「どうにかホテルにたどり着かなければ」

覚悟を決めて6thアヴェニューを歩こうと、南に向かって振り返った。ワイシャツとネクタイ姿の人たちが目に入った。灰を頭から被って真っ白なまま、黙々と自宅のあるアップタウンに向かって歩いている。

「この人たちがここまで歩いてきたのだから大丈夫。とにかく6thアヴェニューを南に歩こう」

自分に何も起こらないことを信じるしかなかった。

「まだ〈わたし〉には、与えられた使命としてこの世でやるべきことがあるはず。だから大丈夫」

まるで根拠のない話だが、自分を歩かせるにはこう考える他なかった。

「早く、早く。とにかく早く歩かなくては」

12

つながる

とにかく歩いた。

47丁目から23rdストリートが見えるまで、どのぐらい時間がかかったのだろう。すべての感覚がなかった。歩いているあいだ、何を見て、どうやって息をしたのかさえわからなかった。意識を取り戻し、無我夢中で歩いていたスピードを緩めると、前につんのめりそうになって立ち止まった。

知らないうちに緊張していたのだろう。全身が塊のようになっていることに気づいて、大きく息を吸い、時間をかけて吐き出した。もう一度吸って、今度は吐きながら肩をゆっくりおろした。ホテルはもうすぐだ。23rdストリートに出て、イースト方向に角を曲がって3ブロック歩き、それからレキシントンのコーナーを南に曲がった次のブロックが目的地だ。あと15分ぐらいだろう。

ホテルの前にたどり着いた途端、ほっとして大きく息が漏れた。その反動で深く吸い込むと、南から焼けるにおいがした。

涙が出た。

ホテルの電話も携帯もつながらなかった。受話器を上げて外線ボタンを押しても何の音もしない。インターネットもつながらなかった。

別行動をしていた後輩とロビーで運良く落ち合えて、お互いの無事を喜び、ホテルのレストランで早めの夕食をとった。2人ともまだ何も食べていなかった。新しい店のオープンと後輩への引き継ぎがなかったら、もし出張がいつも通り1人だったら、と食事をしながらぼんやり考え、今、2人でいることに感謝した。

そのとき〈わたし〉の携帯が鳴った。少しずつ連絡を取りはじめていた彼からだった。心配して連絡をくれたことへのお礼を言って電話を切った。それから、携帯はまたつながらなくなった。

その日の遅い時間になって、やっと東京のオフィスと電話がつながった。

「とにかくどんな方法でもいいから、1日も早く東京に戻ること」

会社からの指示は誠意があるものだった。

ボストンに住む友人も心配して電話をくれた。電車でボストンに来て、そこから東京へ帰るほうが早く便が取れるのではと提案してくれた。しかし、〈わたし〉には、スーツケースを抱えてボストンまで電車に乗る気力はとてもなかった。

「電車の爆発は大丈夫なのだろうか」

グランドセントラルが危ないという叫び声や、人びとが悲鳴を上げながら散り散りに走り出した光景が思い出された。

その夜は気持ちが昂《たかぶ》って眠れなかった。神経を逆撫でするパトカーのサイレンが鳴り続けている。

「こういうふうに人は病んでいくのだろうなあ」

精神を病むという感覚の中で一晩を過ごした。

翌朝、ホテルのロビーに置いてあった日本人コミュニティの新聞が目に入った。ページをめくると旅行代理店の広告が掲載されていた。誰も出ないだろうと諦め半分で電話をかけると、東京とは違うトゥルーという呼び出し音が鳴り、相手が電話に出た。旅行代理店の事務所は営業しているようだった。

ダメを承知で東京へのフライトが2枚あるかどうか尋ねた。1週間先になりますと相手は答えた。このニューヨークにあと1週間いなければならないと思った瞬間、大きなため息が漏れた。電話口から〈わたし〉のため息が聞こえたのだろう。

「ファーストクラスなら3日後にあります」

1人33万円。出張規定の上限を超えていたので会社が負担してくれるかどうかわからなかったが、1日も早く東京に帰りたかった。後輩に値段の了承を得てすぐに旅行代理店にかけなおし、クレジットカードの番号を伝えチケットを2枚購入した。

パトカーのサイレンはこの日も鳴りやまず、インターネットはつながらないままだった。ホテルのフロントに復旧予定を尋ねても、「今手配中です」と繰り返されるだけだった。情報を得るためにテレビをつけていたが、テロのニュースばかりでかえって不安が募った。あと3日とはいえ、このままニューヨークにいて自分が正気を保っていられるかどうか自信がなくなってくる。電話をくれた、取引先のニューヨーク事務所で働く女性にそう伝えると、対岸のニュージャージーにあるホテルを手配してくれた。

〈わたし〉がいつも通りではないことを察知したのだ。

グラマシーパークからニュージャージーに移動した。渋滞した橋をタクシーで渡るあいだじゅうずっと、お願いだから爆発しないで、と心の中で祈った。

ニュージャージーのホテルに無事に着いた。足を踏み入れると、そこは、まるでテロなどなかったように穏やかだった。多くの宿泊客が滞在していて、食事やゲーム、プールでそれぞれの時間を楽しんでいた。〈わたし〉は不思議な感覚を覚えた。橋の向こう側で起こったテロによる大惨事と、何事もなかったようにホテルでくつろぐ人びと。〈わたし〉たちから見たらテロリストでも、彼らから見たら正義を貫く殉教者。隣り合わせの、まったく違う世界はなんだろう。異なる現実《リアリティ》が並存するパラレルワールド。〈わたし〉たち2人は、フライトまでの数日を橋のこちら側でのんびり過ごした。

飛行機の機体に足を踏み入れた瞬間、全身の力が抜けた。

「これで本当に東京に帰れる」

何度も聞いた「おかえりなさいませ」の言葉が特別なものに聞こえた。席に座ると、布団を準備しますかと声をかけてくれたのでお願いした。そして布団に潜り込んだ。いつ眠りに落ちたのか、まったく覚えていない。目が覚めると東京に着いていた。

インターネットは有線で、Wi-Fiはまだ普及していなかった。LINEやSlackは誕生の気配もなかった。あの日、東京オフィスでは、チームの数名が夜中まで事務所に残って電話をかけてくれていたのだった。つながらなくて本当に心配したという話を、帰国後しばらくしてから知った。

その後、あの日携帯で最初につながった彼と〈わたし〉は結婚した。

13

破壊のために戦わない、つくるために戦うデザイナーたち

「負の感情からつくられる服は、見ていると苦しくなって、着る対象からはずれるのよ。既存の概念を破壊するとか、なんとか存在を認めさせるみたいな戦う姿勢じゃなくて、もっと素直に、かわいい、素敵、着たいからものをつくるほうが、私たちの世代にはしっくりくるよね」

同世代の4人で出かけたレストランで、バッグをつくる彼女が言った。幸せから生まれる服をまとうほうが、良い運もついてきそうな気がした。

数は少なかったが、日本人デザイナーから展示会の案内が届くようになっていた。海外のブランドに比べると規模は小さく、サンプルは一目で見渡せる量だ。デザイナー個人が会社を立ち上げ、数名のスタッフでものづくりと会社の運営をしている。卸売りの機能を他社と契約して委託するケースが大半だが、社内の企画スタッフや創業者であるデザイナー自身が展示会で接客をするブランドもあった。つくる人による商品

説明は、デザインの着想やものづくりの背景についてより詳細が聞けるのはもちろんのこと、商品への愛情とつくることへの熱意を含んでいるのだ。

「いやあ、じつはわたし営業じゃなくてニットの企画なんですよ」

展示会でニットのジャガードについて説明してくれた彼女に、思わず社内での業務担当を聞いた。だからこの説明になるのかと納得した。つくる人の説明は売るための説明ではない。聞くとすぐに違いがわかる。つくるプロセスやそのときどきで何を感じ、どう判断を積み重ねて商品の完成にたどり着いたのかが、言葉からあふれ出てくる。そして誰もが、とても楽しそうに話をするのだ。レザーのライダースとトレンチコートというヒット品番で予算が一杯になってしまうため、その他のアイテムを買い付けたことがなかったが、このブランドからニットも買ってみようかなと思った。

海外展示会から日本に戻ったあとは、東京での展示会が2、3週間続く。シーズンの買い付けがほぼ終了し予算を使い切った頃、サンプルを持参するのでぜひ見てほしいと、名前を知らないデザイナーから連絡があった。少女をイメージさせるブランド名だった。

「買ってもらわなくてもいいので、どうしても見てほしいんです。見るだけでかまわないので時間をいただけませんか」

「このタイミングだと買い付け予算を使い切ってしまっているので、今シーズンは本当に見るだけになってしまいます。それでもご了承いただけますか」

しばらく探りあいの会話が繰り返されたが、彼は引かなかった。気迫に押されてアポイントの日時を約束した。

アポイントの日、彼はアシスタントの女性とサンプルを持ってやってきた。最初に見せてくれたのは、裏起毛が鮮やかな黄色で、表が真っ白のスウェットトップ。エッグという名前がついていた。裏毛の黄色が表の白にひびいてしまっているのを改善したいけれど、てこずっていると説明してくれた。サンプルから顔を上げた彼の額は汗だらけだった。

「それは緊張するよね。ある意味、自分の仕事が評価される瞬間でもあるから」

そんなことが頭をよぎったが、緊張させてしまうのも申し訳ないような気がした。

彼とアシスタントの女性は、次に、丸めて運んできた大きな紙を広げはじめた。デザイナーの彼が鉛筆で描いた丸い柄が描かれていた。鉛筆だから生まれるタッチの強弱や擦れをそのまま生かして柄を刺繍した生地を八王子でつくっていると話し出した。柄のスケッチを見ながら話す彼は、本当に楽しそうだった。いつの間にか、〈わたし〉もその柄が描き出す温かな世界の中にいた。木の葉や小さな点がつくる輪。それぞれハッパやタンバリンという詩的な名前がついていた。目の前で汗をかきながら手描きの柄を楽しそうに説明する男性と、彼が描き出す世界は独自のものがあった。マルジェラやドリスの隣に並ぶのは少し可愛らしすぎるような気もした。しかし、深みがある麻色に近い素材に刺繍されたハッパ柄のスカートは、光を放っているように見えた。

控えめに広がるAラインのシルエットは美しかった。

商談を終えたあと、デジカメで撮影した写真を見直した。ハッパ柄のスカートは〈わたし〉の頭から離れなかった。予算はすでにない。どうしよう。予算オーバーは許されない。さんざん迷ったあと、あのスカート1型だけをオーダーすることに決めた。一度決めたらあとは行動あるのみだ。すでにオーダーを入れた金額を総点検し、端数を集めて予算をひねり出した。なんとかなりそうだ。

コンパクトなシルエットをつくるきれいな色のニットトップと、ハッパ柄のAラインスカートを組み合わせたコーディネイトが似合う、幸せそうな女性の姿が思い浮かんだ。

14

プレスプレビュー

展示会シーズンが終わると、次はプレスプレビューの準備に取り掛かる。翌シーズンの商品サンプルを一堂に集めて、プレス関係者にお披露目する重要なイベントだ。３日間で４００人ほどの来場がある。来場するのは雑誌の編集者や広告部、フリーのエディターやスタイリストたちだ。人気の商品はこの３日間で、撮影のための貸し出し予約が一杯になる。貸し出し希望日はなぜか重なる。社内のプレススタッフは、できるだけ多くの、かつ効果が高いメディアにサンプルを貸し出せるよう、予約表を見ながらスケジュールと格闘するのだ。メディアへの掲載が多い商品は当然、売れることになる。新たに取り扱いをはじめたブランドはまだ知名度が低い場合が多いので、メディアに掲載されるよう、バイヤーたちもプレビューの来場者に熱心に説明をする。〈わたし〉は、先日オーダーしたばかりの葉っぱ柄スカートをプレビューで見せる商品リストに入れることを決め、サンプルの貸し出しをデザイナーに依頼した。電話口の反応から、プレビューがどのような場であるかピンときていないようだったので、目的や来場人数、それから、サンプルの貸し出し予約がその場で入ることを説明した。

数日後、デザイナーの彼から提案があった。それは、プレスの方々に自分たちのミニバッグをお土産として渡してほしい。プレビューまで時間がないが、社内で縫ってできるだけ多くの数を準備するからやらせてほしいというものだった。あっという間にサンプルが届いた。裁断時に捨てられてしまう生地の残りを使用した、12センチ四方の小さなバッグだった。デザイナー自身が手で描いた柄へのこだわりと、愛情を込めて織り上げた素材を、たとえ裁ち落としでも捨てたくない気持ちは理解できる。捨てられてしまう素材の端をデザインの力で価値あるものとして蘇らせることは意味があるとも思った。

「そちらの負担にならない程度で大丈夫ですよ」

と伝えたが、〈わたし〉の心配をよそに、彼らは約100個のバッグを納品したいと言ってきたのだった。このチャンスを絶対につかむという、執念と気迫が伝わってきた。取り扱いブランドの一つである彼らのバッグを、プレビューのお土産として渡すことに最初は懐疑的だったプレスチームも、熱意に動かされたようだった。最後には、異議を唱える人はいなくなった。そして、プレビューの日には、会社のチーム全員が、まだ知られていないそのブランドについて熱心に説明し、ミニバッグをメディアの人たちに手渡した。

この頃から、〈わたし〉は、編集者やジャーナリスト、スタイリストからおすすめのブランドを聞かれると、日本人デザイナーの名前を挙げていた。けれど、海外のブランドが優れているという見えない壁は存在した。日本のブランドを、巻頭のファッションページで特集するのは難しいとはっきり言う人もいた。

「日本のブランドではなくて、海外のブランドだと何がよかった？」

と聞き直されることもたびたびあった。日本のブランドを見るときは、違う色のレンズが入ったメガネをかけるのだ。日本のブランドはこうだというバイアスを通してそれを見る。そうではなく、むしろ日本のブランドが世界に出ていけるよう、誌面で取り上げて応援していく役割がメディアにはあるのではと思った。アメリカやイタリア、イギリスの『ヴォーグ』は、ファッションウィークの前に自国の新しいブランドを積極的に紹介するページを設けている。それらを見た多くのバイヤーが、掲載されたブランドにコンタクトするだろう。〈わたし〉もそうしていた。

「日本の店は海外ブランドへの支払いを優先して、日本のブランドの納品を後まわしにするところが多いのよ。一番先に支払いを受けて、一番先に納品できるようなブランドになる。だって悔しいじゃない。見返したいの。だから一流を目指すのよ」

取引をはじめていた別の女性デザイナーはこうぼやいた。買う側からは見えない、別の現実《リアリティ》があることを知った。

日本人デザイナーの感性と商品の完成度は、海外のコレクションに決して負けていなかった。店頭でのお客様の反応が、それを証明していた。

15

外から見えたもの

２００５年12月、夫の転勤を機にロンドンに生活のベースを移すことになった。思い入れのある仕事と会社を離れることについて迷いがあったが、一方で、ロンドンに住んでみたい気持ちもあった。会社に相談してみると、立ち上げた新業態とは別の仕事を提案してくれた。入社当時からかかわっていた基幹業態のシーズンディレクションとヨーロッパにおける買い付けのアドバイスが業務内容だった。

ロンドンで生活をはじめた。出張で行き慣れたサウスケンジントンの駅近くにフラットを決めた。ヴィクトリア時代に建設された、白い円柱が整然と連なる美しい住宅街だ。写真でよく見るロンドンの街の風景と同じだった。フレンチウィンドウをあけてテラスに出ると、視線の先にコミューナルガーデンが広がる。庭を囲む樹木の枝から葉っぱはすっかり落ちてしまっていたが、部屋からコミューナルガーデンまで続く空間の量感のようなものがとてもゆたかだと思った。

サウスケンジントンはフランスリセがあり、ヨーロッパからの転勤族、特に金融関係の企業に勤務する駐在員が多く住んでいた。ハイドパークにも近く美しい街並みゆえ、家賃は日本のそれと比べると嫌になるほど高かった。いくつか見たフラットのオーナーの名前は、中東あるいはロシア系のものだった。

引っ越しをした２００５年12月、月初の為替レートは１ポンド２１１円[*15]だった。駅前にあるポールのエスカルゴ・レザンは２ポンド15セントで、２１０円をかけると４５０円の値段になった。

「美味しいけど普通のデニッシュが、１個４５０円か」

と考えると、食欲も湧かない。野菜や卵が入った４ポンド95セントのバゲットサンドだと１０４０円になる。東京では温かくてボリュームたっぷりのお弁当が５００円で買えたことを思い出した。２００１年に日本政府が「持続的な物価下落という意味でのデフレ状況」にあると判断して以来、依然として物価の下落は続いていた。[*16]日本の物価は安いのだ。一方で、ものが安ければそれをつくる人たちの利益や報酬も少なくなってしまうなあと日本のデフレについて思った。デニッシュや日用品を前に、妙に考えてしまう自分が嫌になり、１ポンド１００円をかけることにした。するとエスカルゴ・レザンは２１５円。バゲットサンドは４９５円、15ポンドのランチは１５００円で東京と同じ物価の感覚になった。ロンドンの地下鉄が高いことは知っていたが、初乗り４ポンドに２１０円をかけると８４０円、１００円をかけても４００円と東京のそれより高かった。

「この値段だったら、電車に乗らずに歩くよなあ」

ロンドンっ子が地下鉄に乗らずに歩くのは、19世紀ヴィクトリア朝文化に遡る「歩く文化」の歴史[*17]だけが理由ではないような気がした。

２００６年３月のファッションウィークが終わると、ロンドンでの生活も落ち着きはじめた。４月と５月は久しぶりにのんびりと時間を過ごした。すっかり落ちていた樹木の葉がいつの間にか繁り、たっぷり水分を含んだ若い緑が街を覆った。ロンドンの湿度の少ないからっとした風と初夏の日差しはとても快適だった。近所のパブには歩道まで人があふれ、ビールジョッキを片手に社交に忙しそうだ。〈わたし〉は賑わうパブの様子を眺めた。

ロンドンでは、地下鉄やストリートで常にフリーペーパーが配られている。ゴシップや新しいレストラン、映画、シアター、美術館、セールの情報などが掲載され、メトロで移動中の暇つぶしにはちょうどいい内容だ。読み終わったフリーペーパーは持ち帰らず席に置いていく。あとから乗ってきた人は、それを手に取って座り、また置いていくのが流儀だ。〈わたし〉も真似をするようになった。どのフリーペーパーにもかならずSudokuが掲載されていて、たいてい、マス目は数字で埋まっていた。忙しそうなビジネスパーソンたちだけが、ブラックベリーの小さなキーボードを見事な速さで打ち、それ以外の人びとは、鉛筆片手にSudokuに精を出すのが地下鉄や空港の風景だった。まだスマートフォンはなかった。

日本の味が恋しくなると困るからと、調味料を大量に詰め込んで送った。しかしどれもピカデリーにあるジャパンセンターの棚に並んでいた。ピエトロのドレッシングやなめこの缶詰がいつでも手に入ることに驚いた。

スローンスクエアに店を構えるジョン・ルイスで買った、ダークグリーンのクッションのついたデッキチェアを抱えて、毎日コミューナルガーデンに陣取った。クッションの上でSudokuを3週間ほどやり続けた。うとうとしながらもトップレベルを制覇すると、さすがに飽きがきた。コミューナルガーデンのまだ若いグリーンを眺めながら、この半年のロンドンでのできごとを思い返した。

日本とイギリスの医療保険制度の違いから、病院にかかると2、3万円の支払いになること。飛び込みでは診てもらえないこと。夜に1人で出歩く女性はいないこと。土曜日には宅配便の連絡がつかないこと。日曜日に再配達されないこと。建物が古いので水道管が破裂して上の階から水漏れするのは普通にあること。スーパーのレジでもかならずHelloやHiと挨拶をすること。レストランやコンサートにはドレスアップした大人が集うこと。カジュアルとドレスアップのシーンの区別が明確にあること。値段で客層の差が明確なこと。日本では20代の女性たちが持っているイットバッグを若い女性は持っていないこと。オーガニックスーパーやレストランが充実していて、ショートグレインの玄米がすぐに手に入ること。思い思いの時間を過ごす人で混み合うハイドパークに、水着姿で日光浴をする人がたくさんいること。一方、話題のレストランは20代前半のカップルばかりで落ち着かなかった東京。ヤングかミッシーミセスの年齢軸、あるいはインターナショナルラグジュアリーか国内ブランドという国内外で区分する日本のファッション。

これから自分はどのような人生を送り、どのような仕事をするのだろうか。いや、〈わたし〉は何をしたいのかを考えはじめた。

16

共感とコミュニティ

ロンドンに引っ越して以来、半年ぶりに帰った東京でヘアカットに出かけた。そのヘアサロンに通いはじめてから6年ほどがたっていた。ヘアを整えてもらうだけではない。創業者でありオーナーでもある彼女と交わす会話から刺激を受ける時間は、〈わたし〉にとって特別なものだった。〈わたし〉を刺激したのは、彼女の仕事への覚悟と、自分にはこれしかないという地平にたどり着いた人が持つ強さだった。

久しぶりに再会し、彼女が思い描くコミュニティの話を聞いた。〈わたし〉たちも自然の一部であり、その恵みから身体と心を整える。身体に触れる、あるいは口にする素材は自然のものであることにこだわる。しかし、こだわりをルールで縛るのではない。感覚は尖らせて、そのときの気持ちや感覚に逆らうことなく、楽しいと感じることに本気でチャレンジする。そんな生き方に共感する美容、食、健康、ファッション、それぞれの領域のプロフェッショナルが集まって、お客様に本質的な美しさと真のゆたかさを提供する場をつくりたい。ただし、各自が自分の足で立ってビジネスをする。

決して、世の中の支配的な構造や思考に絡めとられることなく、それぞれが自分の信念を形にしていく。お客様は、移動に時間を割かれることなくワンストップで、最高のサービスが受けられる。フェイシャルのトリートメントを受けたあと、髪の毛を整え、服を選び、お腹がすいたら食事をする。自分のための1日をそこで過ごす。そして、お客様も場に集まるコミュニティの一員だ。

〈わたし〉は彼女が描くコミュニティという発想とそのありように共感した。

「あなたのほうが成熟しちゃったように見える」

という彼女の言葉に気持ちが動いた。

そのヘアサロンには、〈わたし〉が憧れる女性たちが通っていた。仕事で知り合った雑誌の編集長や編集者、スタイリストやヘアやメイクを職業とする人たちで、素敵だなあとつい目がいってしまう女性たちは、皆このヘアサロンの顧客だった。さらに、ピアニスト、アーティスト、芸能事務所や飲食店の女性経営者、医者、そして多くの女優たちもサロンで見かけた。一方で、彼女たちがどこでどのように服を買っているのか知らなかった。〈わたし〉が働いていた会社には、ヘアサロンで見かけるような大人の女性のお客様は少なかった。彼女たちはすでに多くの装うや買うを経験している。ほしければ高額品も手に入れることができる環境にいる。しかし、現在の世の中で主流となっているものやブランド品を無意識に選択しているようには見えなかった。何が彼女たちに買う選択をさせるのだろうか。日常の生活で何にこだわって着るのだろうか。それを知りたいと思った。彼女たちのこだわりを突破して、

「そうね。それ着てみたい」

と言ってもらえたら最高だ。彼女たちに服を提案している自分の姿と店の空間が、頭の中で一つの像を結んだ。〈わたし〉が服を通して話しかけ、つながっていきたいのはこの女性たちだ。

ビジネスをはじめることに、不思議と不安はなかった。
夫に相談してみた。万が一、うまくいかなくなった場合の最大のリスクについて2人で確認をした。投資をしたお金は失う可能性はあるけれど、一家が露頭に迷うようなことにはならないから、そんなに怖がることはないかもね。やってみれば、と背中を押してくれた。さっそくヘアサロンのオーナーと店の場所探しをはじめた。代官山の一軒家が第1希望だったが、広さがちょうどいい物件は出てこなかった。

半年ほど過ぎたある日、彼女からいい場所が見つかりそうだと連絡が入った。共通の知人が物件の情報を持ってきてくれたのだ。地下を含めて3層のビルの建築プランと更地の写真、資料が添付されていた。白い壁と透明なガラスが交互に横に走るビルの外観デザインはすでにでき上がっていたが、地下と1階をつなぐ屋内の螺旋階段の位置や窓の開口部については相談に乗れるというコメントがあった。地下は50坪ほどのワンフロアで、ビル右横に位置する外階段を数ステップ上がるレイズドグランドフロアのような1階は、上階に続く階段を挟んで、手前道路側と奥の二つの区画に分かれている。屋上も使えるらしい。手前道路側の区画内に予定されている螺旋階段を奥へ移動して、ヘアサロンが1階奥と地下全体を、〈わたし〉の店が1階の手前を使うと、広さもちょうどよさそうだ。駅からは徒歩10分で、しかも人気ショッピングエリアからは外れていた。さらに、表通りから建物1軒分奥に入っている。ただし、家賃は表通りの半分だ。

東京に戻って現場を見に行った。送られてきた写真の通り、欠けた箇所のないきれいな長方形の土地だった。駅から距離はあるものの、タクシーはつかまりやすい。表通りから少し奥まっていることで、かえって静かで落ち着く。人目が気になる人も来やすいだろう。そして、何よりも、いい気が流れているように感じた。売り上げをつくるにはある程度のトラフィックが必要というのが業界の定説だった。しかし、わざわざ出向く目的地になれないと、結局ビジネスは成り立たないだろう。目指すは、不便でも顧客が足繁く通う店。不特定多数を相手にするのではなく、一人ずつ、ひとりずつ、女性たちとつながっていくことが、この場所でできるのではないだろうか。一見お店だとわからない緑に囲まれた隠れ家のイメージと、ロンドンの心地良いリビングルームのような空間で、友人をもてなすイメージが頭にはっきりと浮かんだ。

その後、２人の協力者を得て資金の準備が整い、２００６年12月に会社を設立した。

自分の感じたことを信じてみよう。

「あの場所は、龍のひげの部分だから運が強いよ」

資金協力者の１人が、〈わたし〉に微笑みながら言った。

17

ウェブサイトに掲げたビジョン

「私たちが目指すのはYOUR SANCTUARY」

訪れる人にとってこの場所が、居心地が良く、元気になれる、いいエネルギーが通う空間であること。

それは、決して私たちだけで創っていけるものではなく、足を運んでくださるお客様によって、積み重ねられ、創られていくものだと考えています。

「ESSENTIALS　そして　心が動かされるもの」

理想であるシンプルで心地良く、整った美しい生活に必要なのは、
厳選された上質なESSENTIALSと心が動かされるもの。
これを提案していくことが品揃えのコンセプトです。

そのなかで特にこだわったのは素材。
女性が皮膚を通して感じることを大切にしたいと考えています。

美しい装い、快適な空間、贅沢な時間、健康と環境への配慮というライフスタイルについて考えていくことが私たちのビジョンです。

2007年7月

18

1号店オープン

もし自分の店を持つとしたらと妄想するとき、いつも意識する憧れの店があった。シャネルが世界で唯一商品を卸す店。ブラジル、サンパウロの「ダズル」。実際に足を運んだことはなかったが、何かで読んだ特集記事が強烈に印象に残っていた。一軒家のその店では、お客様は空間を独占し、自由に店内を行き来する。気に入った商品が見つかるとフィッティングルームにも入らず、すぐに試着がはじまるというものだった。サンパウロの強い陽射しと、自由で、そこに集まる人たちのエネルギーがあふれる場所をイメージした。〈わたし〉の店も、ダズルのようにしたかった。掲げたコンセプトを実現することで、訪れた人は時間と空間を楽しんで過ごし、それが商品を買っていただけることにつながるという信念があった。働く人にとっても意味がある場になることを志し、聖域、安らぎの場所という意味を含む言葉を二人称で修飾し会社名とした。

2007年7月、神宮前3丁目に1号店をオープンした。ストックルームを入れても

18坪の小さな店だ。予約をいただいたお客様は、3人掛けの大きな白いソファーと空間を独占する。笑ったり、ときには愚痴を言ったりしながら会話を楽しみ、試着に疲れたらお茶を飲んで一息つく。そのような時間の過ごし方と親密な空間のイメージをスタッフに伝えた。友人との会話のようにお客様とも会話をするよう、決して商品の説明からはじめないこともスタッフにお願いした。駅から遠く、大通りからビル1軒奥に入ったわかりにくい場所で、さらに、商品を飾るウィンドウもない。入り口もどこにあるかわからない小さな店ながら、ヘアサロンやフェイシャル・ボディのトリートメントをするサロンが持つコミュニティの力を借りて、売り上げは順調だった。3ヶ月に一度ロンドンから戻り東京に滞在する2週間は、できる限り〈わたし〉も店で時間を過ごした。

駅直結のショッピングセンターに比べると入店客数は少なかったが、大人の美しい女性たちが足を運んでくれた。女優という職業の女性たちの手足の長さや身体の美しさに見惚れることはしょっちゅうだった。ヴィンテージの黒いドレスに着替えてフィッティングルームのカーテンからフロアに現れる、その着こなしの美しさに鳥肌が立った。アスリートの女性たちは、筋肉があるが身体は引き締まっている。そのため服のサイズは華奢《きゃしゃ》な女性と変わらない。細いドレスに引き締まった身体がするりと入り、艶のある肌が着こなしを引き立てる。有名人ではなく、決して派手でもないが、洗練された装いや振る舞いが驚くほど素敵な女性たちも多かった。

ちょうど1号店がオープンした頃、ルイ・ヴィトンやバレンシアガといったビッグネームがリゾートコレクションを発表した。ディオールやシャネルなど以前からシーズンに複数のコレクションを発表する例外はあったが、ニューヨーク、ロンドン、ミラノ、パリの4都市を巡るファッションウィークの構造は、半年に1度のコレクション発表、つまり春夏、秋冬それぞれ1度ずつ、年2回であった。しかし、ビッグネームがリゾートコレクションを発表したことによって、多くのブランドがその仕組みに追随し、新しいデザインの発表サイクルは、半年に2度、年4回へと変わっていった。

メディアも、新しい倍速システムへの移行に加担した。『ヴォーグ・ランウェイ』にリゾートコレクションが初登場したのは、2006年5月から6月にかけて発表された2007年リゾートコレクションだった。[*18] 掲載された顔ぶれは、グッチ、ディオール、シャネルを含む5ブランドだけだったが、翌2007年5月から7月にかけて発表され、2008年リゾートコレクションとして掲載されたのは、ルイ・ヴィトンやバレンシアガを含む58ブランドとなった。その翌年の2009年リゾートコレクションにおいては、掲載は93ブランドへと拡大した。拡大は秋冬と春夏のあいだを埋めるリゾートコレクションにとどまらず、2008年1月には春夏と秋冬のあいだを埋めるプレフォールコレクションが掲載されるようになった。

リゾートコレクションは、12月のクリスマスホリデーをカリブの島やハンプトンで過ごす人たちがターゲットだ。人びとがその準備をするタイミングを狙って店頭に投入される。値段がメインコレクションより3割程度安く、ショーで発表されるものよりシンプルなデザインが多い。さらに、デリバリーが早いので、店頭での販売期間を長く確保できる。一言でいうと、売りやすい商品なのだ。それゆえ、いつの間にか、リゾートコレクションでの発注金額が春夏シーズンの買い付け予算の7割、あるいはそれ以上を占めるようになった。このビジネス上重要なコレクションを買い付けるために、バイヤーたちは出張回数を増やすことになった。しかし、それが可能なのは大手企業に属するバイヤーたちだけで、個人経営の店舗は、シーズン2回のヨーロッパ出張の経費を賄えないようだった。

リゾートやプレフォールと名付けられた、プレコレクションという新たな構造の出現により、ファッション産業のスピードは倍になったのだった。隙間なく新しい商品を投入し、シーズンとシーズンの間《はざま》に生ずる閑散期の売り上げを底上げする。目まぐるしく発表される新商品は常に消費を刺激し、消費者はそれに反応する。その結果、企業は永遠の成長と拡大を実現する。そのような思考とビジネスの循環を疑う声は聞こえなかった。

プレコレクションの出現によってメインコレクションの品番数が減ることはなかった。つまり、世の中に2倍の品番数が提供されるようになったのだ。当然だが、ブランドがバイヤーに要求する発注金額のミニマムも大きくなっていった。出張の倍増と発注金額ミニマムの引き上げ。バイヤー側の負担は増えていった。ブランドにおいても、デザイナーを含む企画にかかわる人たちの業務量は2倍になった。巨大組織は、プレコレクション用とショーで見せるメインコレクション用の二つの企画チームを組織しているようだった。

〈わたし〉の店は、2シーズン目に入り、少しずつ名前が知られるようになった。売り上げも順調で倍に成長していた。〈わたし〉は、東京とロンドンを1ヶ月半から2ヶ月ごとに往復する生活スタイルになった。ロンドンにも拠点がある強みを活かして、ロンドンのデザイナーに別注をしたもの、ヴィンテージ、オークションで競り落としたもの、出かけた先のモロッコやカプリ島で買い付けたものなどを揃えた。ロンドンにいるあいだは店のスタッフからEメールで売り上げ報告をもらい、直接話したいときは、3Pコールを使って電話をした。一定の時間がたつとプツリと切れてしまうのが難点だったが、何よりも安いコストで直接話せるので重宝した。友人から紹介された企画会社に依頼して、店と同名のブランドネームをつけたプライベートブランドも少しずつはじめた。

２００８年9月15日、リーマン・ショックが起こったが、売り上げに影響はなかった。テレビは、自分の荷物をまとめ段ボールを抱えた人びとが、リーマン・ブラザーズ社を出る様子を映し出していた。日本の銀行に勤める夫は慌てておらず、業務に深刻な影響はないようだった。同年10月27日、日本の平均株価はバブル後の最安値である７１６２円を更新し、翌28日には一時７０００円を割り込んだ。

その後も〈わたし〉の店の売り上げは順調だった。全国からお客様が足を運んでくれるようになっていた。

19

フィッティングルーム

「フィッティングルームから出てきた女性の頬が、ピンク色に高揚する瞬間に出会ったことある？　ほんとうに、最高なの。その瞬間《とき》に立ち会いたいから〈わたし〉は服をつくるんだと思う」

〈わたし〉は、ゆっくりとフィッティングルームのカーテンをあける。彼女は、つま先を外へと整えられた靴に足を入れ2、3歩前に踏み出す。そして振り返る。

その瞬間だ。

装った無表情を突き破って現れる笑み。うっすらとピンク色に染まる頬。〈わたし〉は後ろから、鏡に映る彼女の表情をつかまえる。

彼女は少しだけ振り向いて〈わたし〉と視線を交差させ、それを鏡へと戻す。高揚と信頼が重なり合う。彼女と〈わたし〉の視線だけの会話だ。〈わたし〉はもう素材やデザインの説明をしたり、苦笑いするような褒め言葉を並べる必要はない。〈わたし〉の感じたことを素直に彼女と共有すればいいだけだ。


「素敵ですね」

「そのクリアなライトブルー、とても似合ってる」

「確か、先シーズン買っていただいた、微妙なグレーがかったブルーの、あのパンツと合わせるといいですよね」


細番手の糸による素材が放つ光沢一歩手前のやわらかな艶と、いせ[*19]によってつくられたほんのりとした立体感は、彼女の後ろ姿を別人にする。


「最近、仕事はどうですか？　忙しいですか」

「今年の夏休みのご予定は？」

「そうそう、おすすめレストランありますか」

「ところでパンツのウエストはどう？」
「どこか、当たって気持ち悪い部分とか、着心地がしっくりこなかったり、苦しかったりするところはないですか？」

視線だけの会話を楽しんだあと、〈わたし〉は彼女にたくさん話しかける。服のことだけではない。むしろその説明からはじめないのがルールだ。今日の天気や、身につけているもの、お気に入りのレストランについて。それから仕事は忙しいかどうか、最近休みは取れているかどうか、疲れていないかどうか。話しかけながら、彼女の本音が漏れ出てくるのを待つ。そして、彼女がどこにどう触れるのかをじっと見る。無意識の、しかしはっきりとした彼女からの合図を見逃さないよう、〈わたし〉はじっと見る。彼女の表情や仕草は鏡ごしに立ち上がり、一瞬で消え、また立ち上がる。

彼女がトップの裾を下にグッと引っ張ったら、丈がもう少し長いほうが好きなのにという合図だ。袖口のギャザーを撫でつけたら、触った箇所のボリュームが撫でつけた分だけ少ないほうが好き、を〈わたし〉に教えてくれている。

「もっとこうだったらいいのに」

彼女がくれたメッセージを、〈わたし〉は意識の奥深くへ大切に刻み込む。メッセージは積み重なり、時間の経過とともに少しずつ、すこしずつ発酵してデザインの輪郭へと育っていく。彼女と〈わたし〉は、次の世界を一緒につくる協同者なのだ。

「すみません。ちょっといいですか？」

鏡に映る彼女がまだ半信半疑を抱えていたら、〈わたし〉は前へぐっと踏み出し、彼女と向き合う。そして手を伸ばす。胸元のボタンをもう一つあけ、シャツを後ろにずらし、首からシャツの襟をそっと離す。彼女と服がなじむようなバランスを探して、見える肌の分量を少しだけ多くするのだ。彼女の顔がすっと引き立ち、まとわりついていた不安と半信半疑は、剥がれて床に落ちる。〈わたし〉は手早く彼女のシャツの袖をたくし上げ、パンツの裾の余りを折り上げピンを打つ。軽く顔を上げ、横目で鏡越しに彼女のシルエットを確認する。

「履いてみませんか」

〈わたし〉は靴を差し出し、新しい靴を履いた彼女の後ろに寄り添う。そしてもう一度、2人で一緒に鏡を見つめる。

「どうですか？」

もう聞かなくても答えはわかる。

「触ってもいいですか？　髪の毛」

襟に当たって不規則に跳ねた髪の毛を、緩く束ねるように上げる。もう一度聞く。

「どうですか？」

鏡に映るのは、頬がうっすらとピンク色に高揚した、最高の笑顔の彼女だ。

20

〈わたし〉たちのラグジュアリー

彼女たちは言う。

「ロゴがついているものは着ない」

「どこのブランドか一目でわかるものも着たくない」

3ヶ月あるいは半年に一度、新しいコレクション発表という刺激が生み出され、世界中に情報がふりまかれる。強い刺激とその反応。反応は経済的価値としてごっそり刈り取られる。彼らの意図通りに。皮肉なことに、強い刺激は即時の反応を生むが、賞味期限は短い。すぐ切れる。だからまた刺激がつくられる。刺激が強いほど、その寿命は短く、そして速く届くほど、さらにその寿命は短くなるのだ。よって刺激は常につくり続けられる。

「ショーのファーストルックは買わない。だって、メディアで多く報道されるでしょ。

たくさんの人が見ると、それがどこのブランドのもので、いつのシーズンのものかすぐにわかってしまうじゃない。そうなると、結局そのシーズンしか着られないのよね」

彼女たちは、振りまかれる刺激と記号を冷ややかに見つめる。すぐには反応しない。賞味期限が長いのか短いのか、その記号は誰とコミュニケーションしようとしているのか、自分たちなのか、そうではないのかを見極めるまで待つのだ。

〈わたし〉が話しかけたいのは彼女たちだ。彼女たちに話しかけ、つながり、仲間になりたいから服をつくるのだと思う。刺激と記号のあいだをすり抜け、何が本当に必要なのか、何が本物なのかを見抜く。彼女たちが見ているのは、それは何か、だけではない。あなたは誰で、何をしようとしているのか、なのだ。言葉と行動が一致しているかどうか、どのような信念を持ち実現しようとしているのかどうかを、じっと見ている。彼女たちは手強い。手強いから仲間になりたい。だから服を通して〈わたし〉は話しかける。

「今世の中にあるこれでいいのですか？　それで満足していますか？　もっとこういうほうがしっくりきませんか？　違和感はありませんか？　あのやり方、おかしいと思いませんか？」

〈わたし〉も、ときどき、速くそしてたくさんという誘惑にまどわされる。うっかり拡声器を手に取り、最大のボリュームで「ど・う・で・す・か〜」と叫ぶと、彼女たちは〈わたし〉の意図を見透かしたように通りすぎる。

「そんなのほしくないわ」

売り上げ拡大のためのお決まりの手法は通用しない。エントリープライスと多くの店での売れ筋、わかりやすさにもそっぽを向く。静かに囁きかけて、彼女たちの応答を受け取る。それを読み解いて、〈わたし〉なりの答えを彼女たちに返す。じっくりとゆっくりと。かけた時間とその積み重なりは、語りかける力を強くする。服、空間、ビジュアルイメージ、言葉、それらを一緒につくり出す仲間たち。いくつものファセットを積み重ね、〈わたし〉たちは互いに影響し合いながら、対話を続ける。じっくりとゆっくりと。強い刺激と反射より、対話と重ねられた時間のほうがゆたかじゃない？〈わたし〉はまた彼女に問いかける。

「ねえ、これどう思う？」

「そうね。着てみたい」

21

3・11 2011年

「機長からのアナウンスです。皆さま、ゆっくりおくつろぎいただけましたでしょうか？ フライトは順調に進み、成田への到着が早まる予定です。予定時刻より1時間ほど早い、14時45分頃を予定しております。残りわずかになりますが、到着までごゆっくりと、日本航空での旅をお楽しみください」

いつも通り商品の買い付け業務を終え、パリから東京に戻る飛行機の中だった。予定時刻より1時間も早く到着することはめずらしい。偏西風を最大限利用すると、パリと東京は一体何時間で飛べるようになるのだろうか。帰宅してゆっくり食事を取り、お風呂に入る時間があることに上機嫌だった。スーツケースをあけて、下着やソックスを洗濯機に放り込んでから、近所の整体に滑り込めるかもしれない。着いた当日にマッサージを受けると、翌日の時差ぼけが格段に軽減される。明日、朝一番から打ち合わせがある。

窓から外を見た。青鈍色《あおにびいろ》の海と、ごつごつした岩肌との不規則な境界が見えはじめている。

うとうとしてしまったらしい。目が覚めて時計を見ると、14時45分を過ぎている。

「時間が早まったから、着陸の順番待ちかな」

またうとうとしてしまった。どうやら〈わたし〉の睡魔は強力なようだ。

「せっかく早く着いたのにもったいない。スーツケースをあけるのを後まわしにすれば、整体にまだ間に合うよね。もともと予定時刻より早まったんだし」

さらに30分が過ぎていたが、客室乗務員が着陸準備をはじめる気配はなかった。

「機長からのアナウンスです。皆さま、お疲れのところ申し訳ありません。成田の管制塔から着陸の合図がありません。至急状況の確認を行っております。もうしばらくお待ちください。お飲み物をご要望のお客様は、ご遠慮なく、乗務員にお申し付けください」

嫌な予感がして、乗務員の女性に尋ねた。

「何かあったんですか？」

「私たちもわからないんですよ」

乗務員の女性たちが、機内の通路を何度も往復する。ときどき中央の乗務員用スペースに集合して、状況を確認し合っているようだ。機内が不安にざわめきはじめた。燃料の残りを気にしてか、機体が高度を下げた。斜め前に座っていた男性のコンピュータの画面が見えた。Wi-Fiがつながったらしい。テレビにつないでニュースを確認している。思わず身を乗り出して聞いた。

「何があったんですか？」
「どうやら大きな地震があったみたいですね」
「地震？　大きな？」

慌てて携帯の機内モードを解除して、メールを受信した。店長のショウコからメールが入っていた。

「お客様も私たちも、皆無事です。そちらは大丈夫ですか？　今日は戸締りをしっかりして帰ります」
「大丈夫。無事でよかった。〈わたし〉はまだ成田上空で待機中。今日は遅くなりそう。とにかく2人とも帰りに気をつけて」

と急いで打ったメールが、シュッという送信音とともに飛んでいった。

返信はしたものの、「皆無事です」の意味を理解できていなかった。上空で待機中の機内から見る外の景色は、いつもと同じに見えた。

「あの勤勉な彼女たちが、営業時間を切り上げて帰る？　店をオープンして4年だけど、今までそんなことは一度もなかった。何が起こったのだろう？」

店に電話をした。呼び出し音は鳴っているが誰も出ない。ショウコの携帯に電話をした。つながらない。夫の携帯に電話をした。つながらない。

「一体どういうこと？」

電話がつながらなくなっている。メールも送受信できなくなった。起こった惨事《こと》の姿の一部が、輪郭を見せはじめた。

落ち着けとつぶやきながら、ショウコと夫の携帯番号のリダイヤルボタンを交互に押した。つながらない。繰り返した。つながらない。夫は無事だろうか？　父と母は？

スタッフは無事家に帰れたのだろうか？　半分諦めかけた頃、夫との電話がつながった。

「ビルの駐車場からすぐに車を出して、家に向かったんだけど、道路がぐにゃっと波打つほどの地震だったよ。少し判断が遅れていたら帰れなくなっていたかも。家は何も壊れたりしてなかった。大丈夫」

「わかった。とりあえず無事でよかった。パパとママに電話して、状況を確認できる？　あとショウコさんにも。さっきは電話がうまくつながらなかったけど。〈わたし〉のほうは、成田に着陸できるかどうかわからないから、どうなるのだろう？　わかったら電話するね。とにかく気をつけて。電話がつながらないときは、メールだとやり取りできるかも。またね」

相変わらず、飛行機は成田の上空を旋回している。

時計が夕方6時を指した。飛行機が高度を下げはじめた。やっと着陸できる。

「機長からのアナウンスです。これから当便は給油のため、いったん高度を下げてまいります。シートベルトをしっかりと締めていただくよう、お願いいたします。成田空港の建物は、強い地震の被害により封鎖されております。コンピュータシステムの故障により、着陸の誘導ができない状態です。現在、懸命に受け入れ空港を探しております。お疲れのことと思いますが、今しばらくお待ちいただけますようお願いいたします」

「成田空港のビルが封鎖？」

今日家に帰れないことを悟った。バタバタしても、この状況に抗えることは何もない。〈わたし〉の力など及ばない大きな何かが起こったのだ。そう思うと同時に、疲れが襲ってきた。また眠りに落ちた。

機長のアナウンスで目が覚めた。夜9時をまわっていた。

「機長です。皆様、大変お待たせいたしました。ただ今、函館空港から受け入れ可能の返事がありました。再度給油をしたあと、函館空港に向かいます。皆さまお疲れのことと思いますが、今から高度を下げてまいりますので、シートベルトの着用をお願いいたします」

機内から拍手が沸き上がった。根気強い対応と乗客への気遣いの言葉を続けた機長に頭を下げた。

「ありがとうございます。函館までよろしくお願いします」

22

3・11　2011年とそれから1ヶ月

函館で一泊し、翌12日の朝早く、手配されたフライトで東京に戻った。

「立てていた反物が倒れてきて、必死で支えました。でもそれ以外は大丈夫です」

成田から普通列車を乗り継いて家にたどり着いたあと、まだ連絡が取れていなかった事務所のスタッフに電話をした。２００９年の夏に夫の転勤が解けてロンドンから東京に戻り、自宅近くに小さな事務所を借りた。半年後、企画・生産を担当するスタッフが1人加わり、企画会社にお願いしていたものづくりを自分たちの手ではじめていた。

この日も長野、福島と余震が続いた。つけたままのテレビは、津波の再現映像や行方不明者の状況、避難所での疲弊した生活を、ひっきりなしに伝えていた。見たことのないコンクリートの塊が映し出された。画面に近づいて〈わたし〉はそれを凝視した。福島第一原子力発電所1号機建屋の最上階が、骨組みだけを残して吹き飛んだのだ。

水素爆発だった。

地震から2日後の13日も余震が続いていた。店への客足がいつ通常の状態に戻るのか、まったく見通しがつかなかった。ブルガリは18日まで、シャネルは21日まで、各社はウェブサイトで、東京のショップをしばらくクローズする告知を行っていた。[*20]

事務所の様子が気になって、歩いていくことにした。部屋のドアをあけると、届いたばかりで立てていた反物が倒れて床に転がっていたが、それ以外は変わった様子はなかった。周りを見まわしているうちに、スタッフがやってきた。彼女も事務所の様子が気になったのだろう。地震のときどのぐらい揺れたかや、必死で反物を支えた状況を実演を交えて説明してくれた。

この日の夜、店長のショウコと電話で相談をして、明日から店を再開することを決めた。震災から3日後の3月14日だ。

オープンから3年半がたち、店の売り上げは順調だった。ごひいきにしてくださるお客様が徐々に増えて、成長期に入っていた。特に2011年、3月10日までの売り上げは、驚くほどよかった。昨年比20%増で立てた予算をさらに大きく上回る売り上げをつくっていた。単純にこのペースで売り上げを見積もると、3月の月坪売り上げは120万円になる予定だった。

「最高記録、達成だね」

とつい数日前にした、フミとの会話が粉々にくだけてどこかに行ってしまった。フミはもう1人のお店のスタッフだ。

「今日は、期待していた来店にはほど遠い結果となりました。一部で電車が動いていないことや、お子様がいらっしゃる方などは、家から出られずのようです……」

再開初日の報告メールは、こう締めくくられていた。

「いつまでこの状態が続くのかわかりませんが、入荷ＴＥＬなどでお客様とお話しすると、『落ち着いたらかならず見にいくから！』とおっしゃってくださっています」

来店がなくひっそりとした店で、できるだけ多くのお客様に電話をしてくれたのだろう。お客様とコミュニケーションを試みるショウコとフミ。２人の努力と、このような状況でも電話に出て対応してくださるお客様のコメントから、〈わたし〉たちがつながっている気がした。なんとか大丈夫だろう。

メールに添付された営業レポートをクリックしてひらくと同時に、見慣れた小さな丸い文字が見えた。フミの文字だ。

「よかった。売り上げがあったんだ」

売り上げがなければ記載事項もなく、営業レポートは真っ白になるのだ。ほっとして、息を大きく吐き出した。駅から遠く、便利とはいえない立地のお店に、わざわざ足を運んでくださったお客様のお買い上げがあった。さらに、通販でのお買い上げもあり、合計2件の売り上げの詳細が書かれていた。

「ジャンビト・ロッシのパンプスと、ウエストがゴム仕様のジャージー素材のパンツをお買い上げくださいました」

お客様がシューズを手に取った姿と、その横で懸命に対応をするショウコとフミの姿が鮮明に浮かんだ。その瞬間に目頭が熱くなって、涙がどわっとこぼれた。感情がこみ上げてきて涙も鼻水も止まらなくなった。両手で顔を覆った。そして、メールで送られてきたレポートの向こうにいるお客様と2人のスタッフに頭を下げた。

「ありがとうございます」

この日、福島の3号機原子炉でも水素爆発が起こった[*21]。

3月15日　火曜日

朝、さらに爆発があったというニュースが流れた。福島原発から漏れる放射能の影響が気になりはじめた。

「お疲れ様です。爆発のために、早い時間から帰宅指令があったオフィスが続出したようで、周りはいつも以上にシーンと静かな1日でした。1日でも早く、少しでも良い状況へ向かうことを祈ります」

メールの本文を読みながら、憂鬱な気分で、添付された営業レポートをクリックした。レポートの左上部分が画面に現れ、来店客数0が見えた。

「は～。やっぱりそうだよね」

真っ白のレポートを覚悟して、深呼吸をしてから画面を右へスクロールし、レポートの右上部を表示した。文字が見えた。リピーターのお客様がオンラインでお買い上げくださった商品の内容が記載されていた。ネイビーのリネン素材のプルオーバーが1点。売り上げゼロではなかった。続けて画面を下にスクロールすると、備考欄に明日のご来店予定として4名の名前が丸文字で記載されていた。フミの精一杯の努力だ。お客様の名前を記載することで、明日への希望をそこに書いたのだ。彼女が書いてくれた希望が、外に漏れ出ないよう必死で抑えている〈わたし〉の不安を、ギュッと奥に押し込めてくれた。

3月16日　水曜日

「長野や山梨、大阪などなど、関東より南のほうに、あるいはハワイやロスに避難する方も出てきました」

お客様たちの東京大脱出の話が気になった。そうなると、回復どころか、売り上げはしばらく戻らないだろう。売り上げの7割が顧客層で支えられている店だ。ハワイやロスに飛んでいってしまったら、少なくとも2週間は移動先に滞在するだろう。2週間だったらまだ持ちこたえられる。けれど、1ヶ月戻ってこないかもしれない。来月のキャッシュフローの見通しはどうだろうか。

「今日は残念ながら、売り上げはゼロです……。ヘアサロンを予約されていた方もキャンセルで来店されませんでした（涙）。お電話でお話ししたところ、来週以降に振り替えたようです。今まで売り上げゼロの日がないように頑張ってきたのに……と思うと本当に悔しいです。早くいつも通りに戻ってほしいです‼」

昨日の希望から一転して、一度押し込めた不安がまた湧き上がってきた。

3月17日　木曜日

「サンプルピックアップで、スタイリストさんのご来店はありましたが、お客様の来店はない状態でした……。土日には、少しは買い物客が出てくるのでは……と期待をしております」

２人とも、とうとう打つ手が尽きたようだ。メールから不安が大きな波動で伝わってくる。

「３月前半の売り上げ貯金が尽きないうちに、人が動き出すだろうか」

ため息が出た。

撮影に使うサンプルの引き取りに来たスタイリストの方が、インナーに便利そうと、ステラ・マッカートニーのタンクトップをお買い上げくださった。不安そうなショウコとフミの顔を見て、何か買わずにはいられない雰囲気だったのだろう。気を使ってくれたスタイリストの彼女の顔が浮かんだ。

その他は、ショップの場所を問い合わせる電話１件のみだった。

3月18日　金曜日

「お疲れ様です。本日、会社早帰りのご新規様1名でしたが、『買い物している場合じゃないけど……こんなときだからこそ気分を上げたい』とお立ち寄りくださいました。こんなときだからこそ、いつも以上に明るく、温かくお客様をお迎えしたいと思います」

「昨年伊勢丹でパンツをお求めいただき、夏に大活躍だったと、今年用のパンツを目当てにご来店。仕事にも使えるはき心地の良いパンツはなかなかないとお求めいただきました。上品で一枚で決まるロングスリーブのTシャツもお好みに合いました」

ご来店のお客様に購入いただいた2点にくわえて、オンラインでアウターが1点売れていた。渋谷区にお住まいの、何度かお買い上げいただいているお客様だった。

「こんなときだからこそ、いつも以上に明るく、温かくお客様をお迎えしたいと思います」

というフミの言葉にハッとした。その通りだ。暗くなっている場合ではない。今は連絡が取れるお客様たちに根気強くお知らせをして無理のないタイミングでご来店いただくしかない。

「大丈夫。今までやってきた蓄積《こと》が助けてくれる。スタッフとお客様たちが助けてくれる」

と自分に言い聞かせた。

震災からちょうど1週間がたっていた。お客様2名のお買い上げがあったことで気持ちが少し楽になった。人が動き出す気配が見えたような気がした。

3月19日　土曜日

「お疲れ様です。期待をしていましたが来店がない状態でした……。明日こそ!!と祈ります」

昨日の期待から再び不安へと気持ちがごろりと転んだ。不安と希望のあいだを大きくぐらぐらと揺れた。毎日の売り上げに気持ちが左右されていては身体がもたない。数字に目配せしながらも、長期視点で売り上げを見る技術《スキル》は身につけているはずだった。しかし、今回の不安の背後に現れる影がどこまで長く伸びているのか、その姿ははっきりと見えてこなかった。予測がつかないことは人を不安にさせる。

「祈るだけでは、売り上げにならないのに」

メールを見ながら落ち着かなくなった。その気持ちがまったく的外れなこともわかっている。彼女たちに何を言っても仕方がない。なんとか苛立ちを上から押し込めて収めると、今度は不安がゆらゆらと立ち上がって〈わたし〉にまとわりついてきた。

「〈わたし〉も祈りたいよ」

電話、DM、Eメールでのコンタクト、オンラインへの商品アップ、店でできることはすべてしてくれている。毎日やるべきことを実行しても、ビジネスのリスクは突然近づいてくる。そのなかには、自分の力が及ばない大きなものもある。

「自分でコントロールするだって？　とんでもない。思い上がりだよ」

自然の声が聞こえた。

「お父さんは反対だな」

会社の立ち上げを事後報告したときの、父の言葉《セリフ》も思い出された。

「〈わたし〉と店も流されてしまうかもしれない」

レポートの下のほうには、オンラインショップでのお買い上げ1点が記載されていた。群馬県からのお客様だ。他に電話での問い合わせが2件。雑誌に掲載されたカシュクールシャツについてと、場所についてだった。

3月20日　日曜日

「今日は、日中にカルヴェン狙いの2人組と、顧客様がちょっとだけ寄ってくださいました。それ以外は静かで人の気配がなかったのですが、そろそろ戻りつつあるのでは？という気がします。」

いつもはオンラインショップでお買いものをするお客様がご友人と一緒に来店され、ドレス2点、ジャケット1点、スカート1点、パンプス1点の計5点をご購入いただく。ご友人もコートをお買い上げくださり、なじみの顧客様のシャツ1点を合わせて、この日は7点の売り上げが立った。関西方面での取扱店について問い合わせの電話が神戸から1件。この日、売り上げは震災前平均の約半分まで回復した。震災の日から数えて9日目だった。〈わたし〉にとってこの9日間はとてつもなく長かった。

3月21日　月曜日

「お疲れ様です。今日は雨のせいか来店増えずでした。入荷ＴＥＬからの来店があり、なんとかという結果です。3月の残り10日と4月で、マイナス分を挽回できるよう準備万端で挑みたいと思います」

昨日ようやく月前半の半分のペースに戻った売り上げが、ふたたび2割程度に落ちてしまった。しかし、お顔とお名前がわかる3名のご来店があった。

「パリ旅行で散財直後ですが、やっぱり気になって来ちゃいました」

2人でご来店のお客様が、カルヴェンのドレスとオリバー・ピープルズのサングラスをそれぞれご購入いただく。先日お買い求めいただいたジャンヴィト・ロッシのサンダルを受け取りにいらしたお客様は、ハイゲージのパイル素材によるネイビーのロングスリーブトップを追加で決めてくださった。

3月22日　火曜日

「お疲れ様です。本日ご来店はなかったものの、たくさんの常連様と連絡を取り合うことができました。安否確認から、新作ご紹介や、気になられているアイテム詳細を説明したり、ホームページを見ながらおすすめしたりと、まだお店までいける状況ではないけれど……とおっしゃりつつ、皆様の物欲は戻りつつあると確信しました」

オンラインの顧客様が、コサージュが付いたコットンカシミア素材のカーディガンとデニムスカートをお買い上げくださっていた。ランバンのチェーン付きキルティングバッグの問い合わせ電話が1件。お買い上げには至らなかったが入店が1名あった。

3月23日　水曜日

「お疲れ様です。今日はサロン帰りの方とスタイリストさんのお買い上げがありました。週末&最終週に向けて集客に励みます!!」

メールはいつもより短かった。「集客に励みます」ということは、今日はダメだったという意味だろうか。さすがの彼女たちでも、希望だけを毎日レポートに綴り続けるのは難しいのかもしれない。期待が大きいとその反動で大きくダメージを受ける。〈わたし〉は深く息を吸い込んでゆっくり吐き出しながら、平常心にとどまっていられるよう気持ちを整えた。それから、右手でクリックしてレポートをひらいた。Ａ４サイズの用紙いっぱいに、見慣れた小さな丸文字が弾むように並んでいる。

入店客６名。うち５名のお買い上げがあった。スタイリストの方は、撮影用のサンプルをピックアップするついでに、アクネのホワイトデニムとステラ・マッカートニーのカットワークスカートをご購入。春物を着るにはまだ寒いけど、何か目新しいトップスがほしい。カットソーでもきちんと感があるものをお探しの顧客様は、バックリボンのボーダーカットソーとコットンピケ素材のヘンリーネックプルオーバーをお買い上げくださる。近所に店を構えるフェイシャル＆ボディサロンの女性オーナーは、お客様へのギフトとして、シルク素材のキャミソールとショーツを上下セットで。セリーヌのエスパドリーユサンダルをお試しにいらした方は、デザインが少しハードかもと、代わりにキャンドルとルームスプレーをご購入。初めてご来店いただいたお客様も、ジャンヴィト・ロッシのパンプスをお買い上げくださっていた。

「自分たちが暗くなっていても何も変わらないので、できることをしようと思うの。お買い物をして支えなくちゃね」

お客様との会話がレポートに書き留められていた。〈わたし〉はまた泣いた。

3月24日　木曜日

「お疲れ様です。久しぶりに顧客様がお顔出しくださいました。日中特に寒かったせいか、まだまだ春モードに切り替えていない様子でしたが、シャツなど今すぐ着られる新しいものをとお求めくださいました。もっとスイッチを入れて巻き返しをはかります！」

メールの文面から、今日の手応えとショウコとフミの笑顔が伝わってくる。不安の気配はなくなっていた。入店客数は4人とまだ少ないが、3人がお買い上げくださっていた。1人目のお客様は、先日お求めいただいたブルーのカシュクールシャツが着やすかったのでと白の色違いを。くわえて、カレントエリオットのパンツを購入。2人目は、同じカシュクールのシャツとセリーヌのデニムパンツ。折り畳み可能なショッピングバッグの合計3点をお買い上げ。リネンのトレンチコートのデザインを気に入って御試着されたが、アームホールが小さく今回は断念。3人目のお客様は、カルヴェンのシルクのショートパンツをお手頃なプライスもあって即決でご購入。マルニとジバンシーのスカートをお悩み中。その他、電話でのご連絡が1件。先日カシミアシルクの迷彩柄プリントショールを2枚お求めだった方から、ご友人の分もと、あと3枚ほしいとリクエストをいただいた。

「今私たちにできることは、これぐらいだから」

彼女たちの声が聞こえてきた。

3月25日　金曜日

「お疲れ様です。常連様が『元気が出ないので、気晴らしに……』とお話がてら3組お立ち寄りくださいましたが、問い合わせ電話も鳴らずまだまだ静かです。週末にもう少し来客があることを祈ります」

この日入店は3名だったが、全員のお買い上げがあった。先シーズンおすすめしたものがどれもヘビーユース中と、今シーズンも自宅でメンテナンスしやすいアイテムをリクエストいただく。セリーヌ、カレントエリオット、エスシーのパンツ合計3本と、ランバンのノースリーブトップ、リブのソックスをおまとめ買い。仕事帰りに頻繁にお立ち寄りくださるお客様がアクネのスエットトップを。いつもは姉妹でいらっしゃる方が今日は1人でご来店。先日買ったものがよかったので同じものを妹にも、とお買い上げだった。オンラインで定期的に購入いただいている方が、エスシーのバックリボンがついたボーダートップを決めてくださった。

「明日はどうだろうか」

3月26日　土曜日

「サロン帰りのお客様と、新規の方のご来店があり、徐々に戻りつつある手応えです。

明日も頑張ります!!」

今日は来店の6名中、4名のお買い上げがあった。1人目の方は、マルニのカラーブロック柄スカートとエスシーのヘンリーネックプルオーバー、そしてインナー用にとシルクのリブタンクトップをお買い上げくださる。友人がはいているのが気になって、と初めて来店された方は、エスシーのカシミア混タックパンツを。別の顧客様は、ジャケットを着ることが多いこの時期にいいと、カレントエリオットのパンツ3本をおまとめ買い。ジャケットのインナー用に、シルクかカシミア素材で着丈長めのシンプルなトップがあればたくさんほしい、とメッセージを残してくださる。4人目のお客様はセリーヌのエスパドリーユトングサンダルを履きやすいからと迷わず即決。その他、店頭へのお電話から通販につながった2名のお買い上げが加わった。エスシーのシルクウール素材のジャケットとバックリボン付きトップをそれぞれお求めだった。今日で売り上げのペースは震災前の6割まで戻った。

「もう少しだ」

3月27日　日曜日

「入荷連絡やリピーターの方の来店、購入がありましたが、客数は思ったほど伸びず……でした。いらしていただいたお客様の購買意欲はとても高いので、ご来店促進のお電話、Eメールでの連絡に励みたいと思います」

繰り返しご来店いただいているお客様が、ステラ・マッカートニーのトップ、カルヴェンのジャケットとショートパンツ、エスシーのパンツとプルオーバー、さらにアクネのトップ3点をお求めくださった。2月に一度下見にいらして、考えた上での再来店だった。仕事でお世話になっている編集者とスタイリストの方がご自身のお買い物も兼ねて下見にいらしてくださり、くわえて、初めてのお客様のご来店もあった。雑誌を見て電話でお問い合わせいただいた上で、足を運んでくださった。まだ客数は少ないが、お客様たちが満足している様子が伝わる。

「本当にあと少しだ」

3月28日　月曜日

「お疲れ様です。やっと少し挽回できました！　ご来店いただいた方々は確実に『何かほしい』という気分のご様子。カルヴェンの値頃感が良く、点数買いにつながっています。石山様、初来店です!!　今後もいらしていただけそうな手応えでした」

メールをあけると添付が3枚あった。

「やった！」

椅子から立ち上がって思わずガッツポーズをした。もう大丈夫だ。レポートをあけて、丸い文字で記載されているお買い上げの内容とお客様の反応やコメントを、一つひとつ丁寧になぞりながら読む。3点のおまとめ買いが1件、6点のおまとめ買いが2件と、10点のおまとめ買いが1件。店頭にお問い合わせいただいた通販の売り上げが2件。電話による商品のお問い合わせが3件だった。

３月29日　火曜日

「お疲れ様です。本日は姉妹の顧客様が久しぶりにゆっくりご来店くださいました。また1時間おきにスタイリストの方々もいらして、終日バタついていました。今日いらした顧客様たちまでもが、物欲がまったくなくなったとのことでしたが、お話しているうちに盛り上がり、徐々に……という感じで、今日はリハビリにとおっしゃっていました。４月頭に再度ご来店くださいます。残り２日粘ります」

３月30日　水曜日

「今日は、日中の来店が激減してしまいました。アナウンサーの顧客様、別の顧客様がいらっしゃいましたが、地震以降まだその気になっていないようでした。でも『何かある？』と気になって見に来てくださっているので、いずれまたお買い上げになるだろうな……という手応えです！　今日はいま一つでしたが、取り返せるよう頑張ります」

３月31日　木曜日

「昨日同様、様子を見にいらしてくださったり、おしゃべりがてらお顔出しの顧客様がまだまだ目立ちます。ようやく外に出るようになったと、ご来店いただいて嬉しい限りですが……。隣のサロンが営業時間を短縮することになったり、なかなかまだ本調子に戻っていませんが、４月は切り替えてもっと盛り上げ、今までの種蒔き分も取り返したいと思います」

４月１日　金曜日

「お疲れ様です。本日は、雑誌掲載商品への電話問い合わせが、これまでの最高記録というくらい鳴りやまない１日でした。ご来店のお客様はまだ少なく厳しいですが、週末こそは集客効果の反映を期待します」

買うことの意味を意識する人は、どのぐらいいるのだろうか。「今私たちにできることは、これぐらいだから」に支えられて、〈わたし〉の店の２０１１年４月１日の売り上げは、昨年の１１４％に回復していた。『FASHIONSNAP.COM』は、震災後の百貨店売り上げ回復が6月を待つことになった状況を次のように報じている。

「三越伊勢丹ホールディングス傘下の伊勢丹百貨店においては、3月の既存店売上高が前年比71・6%と激減し、国内全体の消費自粛ムードや、外国人観光客が激減したことの影響が大きい。その後は徐々に回復へ。6月には、富裕層の買い控えの反動もあって宝飾品など高額商品の売上が伸びている[*22]」

23

成長への誘惑

2014年11月、丸の内仲通りに出店した。神宮前、二子玉川、六本木に続く4店舗目だった。三菱地所が開発したオフィスと商業テナントが入る一等地にある施設だ。この出店オファーについて最初に連絡をくれたのは、百貨店の商品部に勤務していた女性だった。彼女と知り合ったのは、同じ業界で働く女性たちのプライベートな食事会だ。出席者は6人ほどだったと記憶している。その彼女から約15年ぶりに突然、連絡があった。

「丸の内仲通りへの出店に興味ある？」

軽い感じのEメールだった。なぜ、彼女から丸の内仲通りへの出店について連絡がくるのか、最初は経緯がのみ込めなかった。どうやら彼女は、三菱地所にどの会社、どのブランドを誘致するのがいいかをアドバイスする仕事を引き受けているようだった。しかし、これは〈わたし〉の単なる推測で、三菱地所のリーシング担当者と知り合いだったいだけかもしれない。ソフトの提供者として、ファッション産業界隈でフリーランスとして働いている人は多い。けれど、どのような仕事をしているのか、知り合いでもわからないケースが多い。

「どこの仕事をしてるの？」

カフェでコーヒーを飲みながらカジュアルな感じで質問しても、「え〜」と言ったまま口を割らない。「どこどこ？　すごく興味あるんだけど」としつこく聞いても、「小さなブランドだから。大したことないんですよ」とはぐらかすように答えるだけの人が多いのだ。仕事の内容を口外しない契約の場合もあるだろう。見えないネットワークにより、情報がどこから伝わるかわからないから、良くも悪くも要注意だ。知人の彼女と三菱地所の関係は出店したあとも不明のままだ。

丸の内に出店後、東京以外の商業施設から連絡が増えた。東京駅から近いロケーションなので、新幹線で移動する際にリサーチがしやすいからだろう。リーシングの担当者たちは、既存の取引先の展示会や商談を1日に何件もまわったあと、新幹線に乗る前に、わずかの空いた時間を利用して丸の内エリアで新しいブランドやショップをリサーチするのだ。

もう一つ変化があった。海外、特にアジアからの観光客の買い上げが増えたのだ。2013年、日本を訪れた外国人旅行者やビジネスマンの数が初めて1千万人に届き、この10年で倍増した旅行者によるインバウンド消費をいかに取り込むかが、企業の重要な戦略となっていた[*23]。爆買いがその消費行動を象徴する言葉として使われていた。しかし、〈わたし〉の店では傾向は違っていた。素材のクオリティのよさと丁寧につくられたディティール、デリケートな色、値段と商品のバランス、くわえて日本でしか買えないことが評価されているようだった。ところが、日本女性向けのXSとSサイズの商品では身体が入らず、買い上げを断念するケースが起こっていた。アジア女性とひとくくりにされることが多いが、求められるサイズのバリエーションは、国や地域によって差がある。店の名前と同じブランド名によるコレクションは、社内の企画・生産を担当するチームづくりをしながら、徐々に型数を増やしていた。1号店オープンから1年後の２００８年10月に行った最初の展示会はデザイン数20の小さな規模《もの》だったが、６年後には、デザイン数約50に成長していた。

ある日、丸の内の店舗スタッフから連絡が入った。

「自分の店用に商品を買いたいという方がいらしてます。どう対応すればいいでしょうか？」

話をよく聞くと、ソウルのホテル内アーケードにブティックを構えるオーナーだということがわかった。東京に来ると丸の内のホテルに泊まり、丸の内と銀座エリアで食事をしたり、友人に会ったり、ショップを見たりする。仲通りにオープンしたばかりの〈わたし〉の店で見た商品が気に入って連絡をくれたのだった。卸売りは、展示会でサンプルを見て発注し、半年後に納品されるのが業界の慣習だ。それを基準にすると、少々強引な、カシミアダブルフェイスのコートを自分の店用にすぐに持って帰りたいというリクエストだった。それには応えられなかった。理由はごく単純で、そもそも、半年前の展示会で受けたオーダー分と自社店舗で販売をする分しか生産していない。つまり、余っている在庫はないのだ。今すぐに卸売できない理由を説明して、次の展示会スケジュールが決まったら連絡する旨を伝えてもらった。

海外へ商品を販売した経験はなかった。しかし、ブランドを買い付けて輸入することはしていたので、買う側の立場から、インターナショナルな卸売の手順やすべきことは理解していた。海外へ自分たちの商品が売れたらいいなあ。誰もが考える程度の、いわゆる夢のような海外卸が、急に輪郭を描きはじめた。

海外卸のために準備しなければならないことをリストに書き出してみた。商品に関連することだけでも、多くの項目があった。英語の品質表示の追加や、袖丈やパンツ丈を今よりどのぐらい長く設定するかといったサイズバランスの再検討。サイズ展開を増やした場合、サイズごとの生産枚数が少なくなると全体のコストにどのような影響があるのかという調査。取引先の縫製工場や品質表示作成をお願いしている副資材メーカーとの相談も必要だ。その他、社内業務フローの確認、物流センターと海外向け出荷オペレーションの相談、都市別取引先のターゲットプラン、支払い条件と与信のルールづくり、他ブランドの海外におけるプライスの調査、各国の輸入関税の調査、それらを加味して卸値を決めるフォーマットづくりなど、リストには多くのことが並んだ。

「今でも〈わたし〉の業務量はいっぱいだ。果たしてやりこなせるだろうか」

「この先のビジネスの成長を考えると、方法は東京以外への出店か海外卸。どちらも簡単ではないと思うけれど、チームをつくっていけばできないはずはない。きっとできると思う」

同時に違う二つのことが頭に浮かんだ。そして思った。

「どんな世界が見えるのだろう」

24

拡大とネットワーク

翌シーズンの２０１５年３月、ソウルのブティックオーナーは買い付けにやってきた。そして、本当にオーダーを入れていった。驚いたのはそれだけではなかった。その金額の大きさだった。円安を考慮しても、発注金額は予想を大きく超えていた。海外で自分たちの商品を売ってみたいという漠然としたものが、はっきりした姿になり、〈わたし〉にぐっと近づいてきた。

「〈わたし〉たちの商品はきっと世界で受け入れられる」

長いこと感じてきた、日本人の海外ブランド信仰に対する違和感にも背中を押された。なぜ海外から買うばかりで、自分たちの商品とその価値を世界で問おうとしないのか。目利きの日本人女性に支持されているものは、世界でもかならず受け入れられる。多くの商品を見てきた経験が、そう教えてくれていた。

先シーズンの展示会以来触っていなかった「海外卸」という名前のフォルダをクリックした。準備リストをひらいてプリントした。当然だが、もらったオーダーは責任をもって納品しなければならない。まず、ソウルへの輸出のためにこの半年でやらなければならないことを確認した。英語の品質表示作成、社内と物流センターでの出荷の業務フローの整備、韓国での商標登録。これらの項目を、一つひとつ確認しながらピンクのマーカーでギュッとなぞった。日本国内の取引先と同じように、日本円で支払ってもらうことに落ち着いたので、外貨でのプライス決めは今回は不要だ。今シーズンは、サイズ展開も今まで通り。これなら半年でやれるだろう。大丈夫だ。しかし、もし本格的に海外卸をやるなら、宿題は、大きなサイズの追加と展示会時期の前倒しだ。3月末、10月末に行っている展示会を、2月中旬、9月中旬へとそれぞれ1ヶ月半は早めなければならない。プレコレクションをやるならば、さらに早い1月中旬、6月中旬がターゲットになる。大きなサイズ展開は、韓国のショップオーナーからも要望があった。

丸の内店に来店があった海外のお客様の動向から、大きなサイズの必要性は認識していた。海外の卸先が増えて発注枚数がまとまれば、それは可能だ。可能というのは物理的な意味ではなく、コストに見合うかどうかである。サイズ展開を増やすと、パターンのグレーディング作業の時間と費用がかかるだけではない。縫製工場との関係と工賃がその先にある。増やしたサイズの生産枚数が少なければ縫製工場は嫌がる。手間がかかり、作業効率が落ちるからだ。効率が落ちればその分、1枚あたりの工賃が上がることになる。

「ほら、サイズが若い人向けでしょ？」

友人のコメントが頭のどこかに残っていた。

着たいのに、サイズが理由で諦めるときに漏れ出るため息は、本当に切ない。着たい服にやっと出合い、それを着た自分をイメージしながらフィッティングルームに入る。ところが、ウエストが閉まらなかったり、お尻がピチピチだったときの落ち込みは、できれば味わいたくない感覚《もの》だ。

「あ〜、やっぱりダメだった」

自分の身体と、自分という存在への嫌悪がむくむくと大きくなる。その感情に向き合いたくなくて、空中にそれらを浮遊させたまま、フィッティングルームからできるだけ早く離れることを考える。

「また来ます」

逃げ出すような自分の気持ちをふと思い出した。

国内のお客様のニーズにも応えられ、さらにビジネスを拡大できる可能性がある。海外卸の開始は理にかなっているように思えた。しかし、それを実現するには、世界のバイヤーにネットワークを持つセールスエージェントが必要だ。次のハードルだ。

「彼らに気に入ってもらえるだろうか。そんな簡単には見つからないよね」
〈わたし〉たちの商品は世界で受け入れられるという膨らんだ自信が、小さく、頼りないものになった。

セールスエージェントを引き受けてくれる知り合いがいそうな友人たちに相談をはじめた。ラグジュアリーブランドを取り扱った経験があり、かつ世界のバイヤーとのネットワークを持っていることが条件だ。さらに大事なのは、新しさや派手さが特徴ではない商品やブランドのあり方を理解し、丁寧に、一緒に、育ててくれるチームになれる人だ。そして、展示会を行う場所はパリしかない。なぜならパリは各国のバイヤーが集まる、もっともエネルギーとパワーがあるビジネスの場だからだ。世界中のバイヤーに見てもらえる可能性があり、ここでつくられた評判は世界中に広がる。パリの威力と権力構造は存在している。

いつも友人たちのネットワークに助けられる。数名の紹介を受け、次のパリ出張中に会う約束を取り付けた。そのなかに、パリで新しくショールームを設立したばかりの2人がいた。職歴を聞いてみると、2人ともラグジュアリーブランドでの経験が長く、1人はマルジェラとランバンでホールセール部門の要職を務めていた。もう1人もランバンでホールセールの経験があり、日本ブランドの海外進出をサポートした実績があった。共通の友人や知人も多く、確実に同じネットワークの中にいる2人だった。

「多分、話が合うような気がする」

予感がした。

〈わたし〉が滞在するホテルのロビーを打ち合わせ場所に指定した。ホテルでハンガーラックを借り、東京から持参したサンプル15点ほどを掛けた。サンプルが見やすいようにソファーとテーブルを配置し、念入りに準備をした。彼らは少しだけ遅れてやってきた。2人には以前どこかで会ったような気がした。互いに一通り挨拶を済ませてから、〈わたし〉はこれまでの仕事の実績や、1号店をオープンした経緯、ブランドの考え方を話した。そのあと、サンプルを1点ずつ説明しながらテーブルの上に広げて彼らに見せた。2人は〈わたし〉の話を黙ってうなずきながら聞き、ときどき手を出して遠慮がちにサンプルを触って素材のクオリティを確かめた。〈わたし〉はしばらくしゃべり続け、最後の1点の説明を終えた。

「サンプルを見てもいい？」

2人は立ち上がった。〈わたし〉がもちろんどうぞと答えるより早く、2人はラックに突進した。手のひらで素材を撫でたり、つかんだりしたあと、裏をのぞき込み、縫製の良し悪しを確認しながら無言でサンプルを見ていた。そのまなざしは、挨拶を交わしたときとは違う色を帯び、緊張した空気を運んできた。1点ずつ、丁寧に、すべてのサンプルのデザイン、手触り、縫製のクオリティを確認していた。

〈わたし〉は、黙って最初の反応を待った。

彼らが〈わたし〉のほうを向いた。

笑顔だった。彼らの笑顔を見て、〈わたし〉も自然に笑顔を返した。

彼らは、商品のクオリティがとても良く、予想以上だと〈わたし〉に告げた。それから、ニットとコートが特に気に入ったこと、その二つのアイテムは売れるだろうとコメントを加えた。ニットとコートは売り上げのシェアが高く、日本の店頭でも強いアイテムだった。値段についても、高いとは一言も言わなかった。むしろ、彼らが言ったのは、利益を確保できるようなプライス構造についてだった。クオリティと値段のバランスに自信を持ったようだった。

ホテルの入り口で2人を見送った後、周りの人に気づかれないように〈わたし〉は小さくガッツポーズをした。東京に戻るフライトギリギリの時間までミーティングは続いた。予約したタクシーはすでに到着していた。バタバタとサンプルをスーツケースに詰め込み、ホテルのスタッフにラックと場所のお礼を告げ、空港に向かった。

彼らとの出会いは友人が紡いでくれた幸運《ラック》だ。しかしそれは、以前から決まっていたことのようにも感じた。契約の条件などはこれからの協議だったが、きっとパリで展示会をするようになるとタクシーの中でぼんやりと考えた。

25

不穏なパリ

〈わたし〉が買い付け業務でパリに出張しはじめた当時から、トラノイやプルミエールクラスのような大規模な合同展示会で、オーダー中に鞄や財布がなくなったという話はよく聞いていた。ブランドの展示会は事前のアポイントが必要だが、大規模な合同展示会は、入場料を払えば誰でも出入りすることが可能だ。不特定多数の人が行き交う合同展の会場は外にいるのと同じだから、鞄から眼を離さないよう注意しないとね、で済ませられる話だった。

ところが、２０１４年頃からだろうか、パリの様子が変わりはじめていた。地下鉄に乗るとスリがいる。10代半ばの少女たちだ。２～３人組でホームの両端に待機し、ターゲットを決めると携帯電話で連絡を取り合い、ドアが閉まる瞬間にターゲットの乗った車両に飛び乗ってくる。ターゲットにそろりと近づいて取り囲み、手に持ったコートを鞄にかぶせる。そして鞄に手を突っ込んでくるのだ。デニム姿に携帯電話を手にした彼女たちは、遠目には普通の若者に見える。しかし、近づいてくると、特有のにおいと殺気だつ光を蓄えた眼差しで、彼女たちだと気づく。地下鉄の中だけではない。パリ中心部の1区や8区の観光地でもある場所で信号待ちをすると、アンケート用紙を片手に持った少女たちが近づいてくる。1人がアンケートの質問をしているあいだに、別の少女が鞄から財布を抜き取るのだ。何か服についてますよと言って距離を詰めてくるなど、さまざまなパターンがあるようだった。

パリに住む友人たちも、地下鉄に乗らないと言いはじめた。特にパリ市内を東西に結び、ルーブル美術館やシャンゼリゼ通りのような観光地を通る1番線には乗らない。外出するときはアクセサリーや服が見えないよう、目立たない無地のコートを羽織り、万全の注意をするとのことだった。昼間であっても、外を歩いたり地下鉄に乗るときは緊張を強いられる環境になっていた。Uberという名前を耳にしたのはこの頃だった。

店のスタッフであるフミを、少し前から商品の買い付けに連れていくようになっていた。事務所を借り、企画生産のスタッフが加わったときから〈わたし〉はものづくりに注力するようになり、お客様の動向を把握している店舗のスタッフであるフミに買い付けの現場を体験してもらいながら、業務を引き継いでいくことを考えていた。ここ数シーズンは、〈わたし〉が一足先に出発してミラノで買い付けを終えたあと、パリでフミと合流するスケジュールだった。

パリ在住の友人たちから聞こえてくる事件の内容が、深刻度を深めていた。サントノーレ通りと交差する道を1人で歩いていた女性が、物凄い力で鞄を引っ張られ、抵抗してチェーンのショルダーストラップを離さなかったために、爪が剝がれ、転倒して大怪我を負った話や、シャルル・ド・ゴール空港から市内に向かうタクシーに乗車中、停車したところで窓ガラスが割られ、シートの上に載せていた鞄類を持っていかれたという話を聞いた。鞄にはマーケットでヴィンテージの商品を買うための現金が入っていたという。もし鞄を強い力で引き剝がされそうになったら、決して抵抗しないほうがいい。さっさと渡してしまったほうが怪我をしないで済む、という友人たちのアドバイスを真剣に聞いた。

「俺たちは働いて税金を納めているんだけど、移民登録されると働かなくても1日20ユー口もらえるんだよ。冗談じゃない。お客さん、おかしいと思わない？　俺たちは毎日働いているんだよ。毎日、毎日」

タクシードライバーの口から吐き出される愚痴も、深刻な調子を帯びはじめていた。

２０１５年９月、金曜日の夕方、サントノーレ通りにオープンしたモンクレール旗艦店のお披露目イベントに立ち寄ったあと、20時にスタートするランバンのショーに向かう予定だった。その後フミと落ち合い、これから1週間のスケジュールを確認しながら食事をするつもりでいた。彼女がパリのホテルに到着したら電話をもらうことになっていた。

いつもと少し違う時間に携帯電話がなった。フミだった。

「お疲れさま。ホテルに着いた？　それともまだ空港かな？」

フミの声が震えている。

「落ち着いて。何があったの?」

何かを説明しようとしているが、何を言っているのか要領がつかめなかった。

「大丈夫?」

「高速の渋滞でタクシーが停まったんです。そのときタクシーのガラスが割られて……多分、スーパーマーケットのビニール袋に大きな石をつめた……それから、何人か、大きな手がタクシーの中に入ってきて……シートに置いていた鞄を盗ろうとして……抵抗して荷物を押さえたけれど、物凄い力で引っ張って、持っていかれて……」

「えっ? 大丈夫なの? 怪我は? いまどこにいるの?」

「高速に停車しているんですけど、よくわからないです」

「空港からどのぐらい走ったか覚えてる? 空港に近い? それとも、市内に近いの?」

「まだ空港に近いと思います」

「タクシーの運転手さんはそこにいるの？　警察を呼ぶか、近くの警察に行くように頼める？　場所がわかったら迎えに行くから。そこまで頑張れる？」

「警察に行ってくれると言ってます」

「よかった。場所がわかるところに着いたら、すぐに連絡して」

モンクレールのプレゼンテーションに一緒に出かけた元同僚に状況を説明して別れ、〈わたし〉はホテルに戻った。ホテルの部屋に戻るとすぐにフミからの電話が鳴った。

「今、アヴニュー・モンテーニュから近い警察署にいます」

アヴニュー・モンテーニュは、ディオールなどが本店を構えるショッピングエリアで、ホテルからも近い。

「よかった。あの場所に着いているなら、これから変なことは起こらないだろう」

タクシーを呼んでホテルを飛び出した。警察の広い敷地の入り口に着くと、窓ガラスが粉々に砕け散ったタクシーが1台停まっているのが見えた。ガラスの破片が車体のところどころに残っていて、その生々しさを〈わたし〉は直視できなかった。

「フミは大丈夫なのだろうか」

建物の入り口に近いベンチに、フミはポツリと座っていた。顔は青ざめているが、怪我はしていないようだった。

「はあ……」

彼女の姿を見て大きく息が漏れた。

「よかった……大きな怪我がなくて。本当に。何かあったら〈わたし〉、フミのパパやママに顔向けできないよ」

「荷物を押さえた手から鞄を引き剝がそうとして、指を引っ張られて、痛いです」

「えっ、どこ？」

見せてくれた指の関節は腫れていた。

「とにかく、ホテルに行こう」

翌朝一番で、タクシーで20分程度の住宅街にあるアメリカンホスピタルに行くことをすすめた。そこには日本人の医師が常駐している。けれどフミは言うことを聞かない。

「会社に迷惑がかかるから……」

「そんなことないよ。そのために保険に入ってるんだし。病院で提示したらその場でお金もかからないし、何も心配いらないよ。会社に迷惑もかからないよ。本当に心配しないで病院に行ってきて。今日のアポイントは1人で大丈夫だから」

「日本に戻ってから病院に行くので、大丈夫です。会社に迷惑をかけないよう、母にも言われましたので」

フミは頑として〈わたし〉の言うことを聞き入れず、帰る日まで〈わたし〉と一緒にショールームに出かけ、オーダーの仕事をした。

それ以来、パリのシャルル・ド・ゴール空港から市内に向かうときは、事前にタクシー表示のない車を予約することが鉄則になった。タクシーだとわかると狙われるからだ。タクシーを攻撃したのは、高速道路沿いのバラックに住む人たちだった。

ショーや展示会が開催されるファッションウィークに、世界中から多くの人が集まるパリ。数えきれないほどのサンプルが運び込まれ、展示され、オーダーが入り、巨額の経済価値が動く。商品が売買されるだけではない。パリに集う人びとは、滞在中、ショップやレストラン、ホテルに多くのお金を落とす。パリにとってファッションウィークの権力を維持することは、経済価値そのものなのだ。その同じいま、同じここ、パリで、お風呂に入ることもままならない貧困にあえぎ、スリをさせられる多くの少女たち。バラックに住み、今日食べるものを手に入れるためにタクシーの窓ガラスを割る人びと。どちらも間違いなく目の前にある現実《リアリティ》なのだ。併存する異なる現実《リアリティ》同士がコンタクトするとき、摩擦が生まれる。それらはすでに大きく膨張して、危うい均衡を崩してしまう限界まできているような気がした。

東京の病院で診察を受けたフミの指は骨折していた。

26

パリ展示会

2016年1月、パリで初めての展示会の日を迎えた。海外で展示会をする可能性を意識して以来、1年半かけて、段階的に企画とサンプル制作のスケジュールを前倒し、準備を進めてきた。パリのホテルでサンプルを見せた2人と卸のエージェント契約を結んだ。彼らは、10区にある地下鉄の駅、リパブリックから歩いて3、4分の場所にショールーム*24を確保していた。1区や8区のようなパリの中心地から外れるが、入り口ゲートから中庭のような小道が奥へと続き、蔦が絡まる建物が並ぶ雰囲気のいい空間だ。けれど、その場所は、不穏なパリでつい2ヶ月前に起きた同時多発テロの現場から歩いて10分ほどだった。リパブリックの駅からショールームに向かう途中、迷彩服に身を包み、ライフル銃を縦に構えた兵士たちが、ところどころに立っていた。

「そもそも1月にバイヤーたちはパリに来るのだろうか。来たとしてもテロ事件の現場に近いショールームに足を運ぶだろうか」

そう思ったが、〈わたし〉には進めてきた準備を無駄にすることはできなかった。

〈わたし〉のブランドの展示スペースは、まだ新しいコンクリートのビルだった。入り口のドアをあけ階段を上がりメインフロアに出ると、正面の一番目立つ場所を割り当ててくれていた。床から天井までの大きな窓から光が入り、吹き抜けの空間は気持ちがよかった。商品を掛けるラックや商談用のテーブルと椅子、ライトが次々と運び込まれて、ショールームの会場づくりが進められていた。〈わたし〉は、ラックにサンプルを並べる順番を決め、ショールームのスタッフに商品の説明を行い、展示会の準備を済ませた。次の日からはじまるバイヤーたちへのセールスは、ショールームの2人に任せ、〈わたし〉は自分の店で販売する他ブランドの買い付けに出かけた。

買い付け業務中も、バイヤーたちが〈わたし〉のブランドにどのように反応したのか気になった。いつもどおりのふりをしていたが、気になって仕方なかった。

「今日はどうだった?」

と尋ねるメールを毎晩途中まで打ち、

「いや、やっぱりやめよう」

と削除した。ショールームの２人は、やってくるバイヤーたちにブランドと商品について１日中喋り続け、少しの空き時間ができれば、まだアポイントを確定していないバイヤーに来場を促すメッセージを送り、さらに、夜はバイヤーたちと食事にも行くだろう。間違いなくへとへとだ。展示会最終日の木曜日まで反応を聞くのはやめよう。気にしないようにと自分に言い聞かせながら、しかし気になって仕方がない、落ち着かない数日を過ごした。

展示会３日目、彼らからメールが入った。

「BG came to the showroom and made a huge selection. Congratulations!」

「えっ、本当？　あのバーグドルフがセレクションしてくれた？　いや待て。まだセレクトの段階で、オーダーが確定したわけじゃない。喜ぶのはまだ早い。それにうまくいきすぎだ。ここで喜ぶと、最終オーダーが入らなかったときに立ち直れなくなる」

オーダーの締め日は来週の月曜日だ。

「平常心、平常心。何事も冷静に。一喜一憂しない」

無理だとはわかっていたが、そう自分に言い聞かせた。

バーグドルフ・グッドマンは、ニューヨークの5thアヴェニューと57thストリートの角にビルを構え、世界でもっとも高級な百貨店として知られている。高級感と品格を持ち合わせた店構えと品揃えで、ニューヨークに行くとかならず立ち寄る憧れの店だった。つくり込んだウィンドウ・ディスプレイはニューヨーク名物の一つで、忙しそうに街を歩く人たちも、足を止めてファンタジーあふれるウィンドウを眺める。シューフィッターの魔法の接客が受けられるシューズ売り場や、ジョン・レノンとオノ・ヨーコがファーのコートを一度に10着以上買ったなど、数々の神話が語り継がれている場所だ。

ショールームでサンプルを展示する5日間が過ぎた。サンプルを約20箱の段ボールに詰め終え、ガムテープで閉じたあと、ショールームの2人からバイヤーたちの反応を聞いた。バーグドルフのバイヤーが、カシミアのコートをとても気に入ってくれたと教えてくれた。コートのカシミア素材は、日本の素材メーカーに依頼して織り上げているものだ。時間をかけてゆっくりゆっくり織り上げることによって生まれる、空気をたっぷりとはらんだ最高のタッチ。しかし、柔らかいだけではなく、シルエットをつくるための適度なコシがある。数え切れないほどの商品を見て触っているバーグドルフのバイヤーが、この素材に反応したのは納得がいった。柔らかくてコシが弱いか、厚みがあってその分硬いか、ヨーロッパで作られるカシミア素材とは明らかに違う仕上がりなのだ。ブランドの顔の商品だった。日本での上代は33万円だったが、よく売れていた。手入れをきちんとすれば、10年は古くならないクオリティとデザインという自負があった。他にも、各国のそうそうたる店がセレクションしてくれていた。

「日本の店で売れているものは世界でも売れるはずだし、〈わたし〉たちの仕事も絶対に世界で通用するはずだ」

という自信と、

「けど、そんなにうまくいくわけないよね。最初の展示会で各国の著名店からオーダーがつくなんていう話、聞いたことない」

という弱気。

交互に立ち現れる二つの矛盾する〈わたし〉にグラグラと揺さぶられ、〈わたし〉は少しナーバスになった。展示会が終わった翌日の金曜日は、ショールームの2人との打ち合わせや、他ブランドの買い付け業務で1日を過ごした。この日も仕事をするフリをしていたが、〈わたし〉の精神は落ち着く場所が見つからず、空中を浮遊していた。

土曜日にパリを発ち、日曜日に東京に着く。翌日の月曜日は、朝からサンプルチェックが予定されている。次の展示会はわずか1ヶ月後だ。そして、月曜日にはオーダーの結果が出る。

27

世界での競争のはじまり

展示会を終えパリから東京に戻った翌日の月曜日、〈わたし〉は朝からサンプルのフィッティングに取り掛かっていた。しかし、相変わらず落ち着かなかった。オーダーが送られてくるのは、パリが月曜日の朝を迎える日本の夕方以降だろう。それまで、なんとか、かつ普通に、時間を過ごさなければならない。16時を過ぎた頃から、見ないようにしていたメールの受信トレイを、サンプル修正の指示をしながら何度も横目でうかがった。

「オーダーが入らなかったら、海外展示会をやめればいいだけのことだ」

最悪の場合、今後どうするのか、あらかじめ決心はついていたが、とうてい平常心にはなれなかった。

18時を過ぎた頃、ショールームの2人からメールが入りはじめた。クライアントごとのメールだ。イタリア、カナダ、アメリカ、ドイツ、スイス、韓国などからのオーダーが添付されていた。

「これで次回も展示会は続けられそうだ」

一通りオーダーのメールが入ったあと、バイヤーの反応をまとめたレポートが送られてきた。最後に、商品をセレクトしたけれどまだオーダーが確認できていない店のリストと「今バイヤーにコンタクトしているから待ってね」というメッセージが添えられていた。確認中の相手先リストの中にバーグドルフの名前があった。

「やっぱり、そんなにうまくいくはずないよね。大手百貨店はブランド導入に慎重で最初は様子見だから、3シーズンはかかるよと彼らも言っていたし。各国のそうそうたるお店からオーダーをもらっただけでも上出来、上出来。大成功。もしバーグドルフからオーダーがなかったとしても気にしない。ショールームに来てコレクションを見てくれただけでもすごいよ。来シーズンまたチャレンジすればいいよね」

〈わたし〉は〈わたし〉に慰めの声をかけた。なんかすっきりしないまま、海外展示会成功おめでとうをグラスワインで小さく祝った。帰国翌日の疲れもあって、その日は早くベッドに入った。

翌朝、出勤途中で受信メールの確認をした。いつも通りの朝の習慣《こと》ではあるが、気持ちはいつも通りではなかった。

「Congratulations!」

彼らから送られてきたメールの冒頭に、この文字が見えた。

「コングラチュレーション。ということは？」

添付されたオーダーシートを急いでひらいた。とうとうバーグドルフからオーダーがきた。オーダーシートに記入されていた金額は、予想していたものよりずっと大きかった。オーダーがついた品番は、最小から最大まで、展開サイズすべてのセルに数字が入っていた。これがアメリカのマーケットだ。取り扱いセクションは、インターナショナルデザイナーズと明記されていた。つまり展開されるフロアは3階だ。

「きゃ〜。すごい。やったね」

右手で大きくガッツポーズをした。本当に嬉しかった。バーグドルフ・グッドマン、そして商品が展開されるのは3階。やってきたことが認められた気がした。〈わたし〉を覆っていたグレーの膜がようやく取れたようだった。

会社の机に鞄を置くと同時に、バーグドルフからのオーダーがきたことを皆に伝えた。企画生産のスタッフはもちろんのこと、サンプル送付の手配まで、会社の全員がかかわり成し遂げた成果だ。チームの努力を労い、そして喜んだ。しかし、オーダーに喜んでいられたのは一瞬だった。

次の不安が、また〈わたし〉のもとにやってきた。

「クロエやセリーヌ、ロエベの隣に並んだ、生まれたての、さらに日本からやってきた無名のブランドが売れるだろうか」

デザインも含め、商品のクオリティと完成度には自信があった。しかしブランドとしての知名度はアメリカでゼロであることも事実だ。広いフロアのラックに掛かる無数の商品の中で、果たして〈わたし〉たちの商品は人目につくだろうかという不安が押し寄せてくる。

「商品そのものが語りかける何かを感じ取ってくれるお客様はかならずいる」

信じる気持ちで不安をぐっと押し返した。一方で、人の目が向けられなければ売れる可能性はなく、売れなければ次のオーダーはなくなる世界だ。〈わたし〉も買う側を長年やってきたので、バイヤーのメンタリティや判断基準はよくわかっていた。

ショールームの2人も半年先のことを考えていた。商品が納品されたあとのことだ。最初の展示会から2ヶ月後、2度目のパリでの展示会で、ニューヨークとロンドンを拠点にするプレスオフィスとミーティングをもつことになった。バーグドルフの売り上げを伸ばすために、ニューヨークでどのような販促活動をするかについて相談するのが目的だ。ニューヨークとロンドンそれぞれのオフィスから責任者がやってきた。ショールームの2人は彼らと仕事をしたことがあり、互いをよく知っているようだった。

商品が販売されるニューヨークでブランドの知名度を上げる。そのために現地のメディアでブランドの露出をつくることが彼らの提案だ。シーズンごとに開催するプレスデイ[*25]に日本からサンプルを送り展示する。まずは、ニューヨークのファッションエディターたちに商品を見てもらう機会づくりだ。

パリから東京に戻ったタイミングで、プレスオフィスから業務提案書《プロポーザル》が送られてきた。

業務内容とともに提案された金額は、人づてに聞いていた有名オフィスの6割程度だった。それでもまだ〈わたし〉たちには大きな負担だった。しかし、何か手を打たないと売れていかないだろう。なんとかして売っていかなければならない。会社を一緒に切り盛りしてくれているビジネスパートナーのユキも同じ気持ちだった。

「とにかくフィーを交渉してみよう。ダメならまた別の方法を考えればいいよ。大丈夫」

28

小さなプレゼンテーション

初めてのパリ展示会から半年後、２０１６年９月に小さなプレゼンテーションを行った。目的は、少しでも多くの人にブランドの存在を知ってもらうためだ。プレゼンテーションと便宜上呼んだが、登場するモデルは６人と、プレゼンテーション未満の規模だ。１人のモデルが３回着替えて、合計18ルックを見せる。ショーと呼ばれるのは、モデルが50～60人、ルック数も50～60からはじまり、１００を超えるものまである。

どんなに小さな規模であっても、プレゼンテーションをするには全体の進行管理をオーガナイズする人を手配する必要がある。いつもの通り、頼りになる友人たちに相談した。

「予算はどのぐらい」

と聞かれて、小さな声で予算を伝えた。

「う〜ん、それだと難しいかもしれないけど、聞いてみるよ」

商標管理を依頼しているパリの弁護士が、知り合いの制作会社に問い合わせてくれた。ディオールやサンローランといったビッグメゾンのスペクタクルな演出を手がける、業界内でよく知られたところだった。小さな仕事は到底受けないだろうと思っていた敷居が高い会社だ。バーグドルフの件といい、人のネットワークが次へ進むために必要な人たちを連れてきてくれる。パリは紹介が大きな威力を発揮する場所だ。早速、プレゼンテーションの場所探し、会場の設営、音楽、照明、ケータリングの手配などについて、各担当者からメールが送られてきた。

「これでなんとか形にはなるよね」

彼らの提案のなかから、会場を8区にあるアパートメントの一室に決めた。ヨーロッパ流でいうファーストフロア、日本流でいう2階だった。『ヴォーグ』のオフィスに近いことも手伝って、ファッションウィーク期間中、さまざまなブランドがショールームとして使う建物だ。

会場の窓際に商品を着せたトルソーを6体置き、フロアの中央に大きなポディウムを3個設置する会場プランを考えた。歩いてきたモデルがポディウムの上に乗り、しばらくそこに立ったあと、バックステージに戻るという演出だ。モデルがフロアに出ている時間を長くすることで、別のモデルが着替える時間を確保しながら、プレゼンテーションの進行が間延びしないよう考慮したアイディアだった。

前日から会場に照明やハンガーラック、メイクルームのテーブルや椅子が運び込まれ、準備が進んでいった。必要な設備は表に見えるものだけではない。むしろバックステージ用が多い。その会場で、少しおかしなニックネームを持つ制作会社の担当者にはじめましての挨拶をした。今までメールでやり取りをしながら準備を進めてきた彼女だ。ところが、彼女は〈わたし〉の挨拶に応えず、ニコリともしない。驚いたが、怯んではいられない。それならば、と〈わたし〉は相手の態度に気づかないふりをして、マナーである挨拶を続けることをやめ、一気に本題に入った。

「モデルのウォーキングはどうする？」

「えっ、Mr.に演出を頼むなら、演出費用として最低あとプラスで5万ユーロかかるわよ」

「えっ……」

開いた口が塞がらないとはこういうことをいうのだと思った。5万ユーロというのは、今回のプレゼンテーション費用の総額より大きな金額だ。制作会社との交渉にあたってくれていたコーディネーターの彼女と思わず顔を見合わせた。〈わたし〉も無知だったのかもしれないが、相手も無責任だ。いや、Direction / Creative Feeは見積もりの項目に入っていた。そしてOfferedと記載されていた。つまり、今回は「最初だし、プレゼンテーションの規模も小さいし、ブランドもまだ小さいから、やってあげるね」という意味だと思っていた。少しおかしなニックネームの彼女は、自分の役割を終えてコーヒーを飲んでいる。モデルのウォーキングプランに取り掛かる気配はまったくなかった。慌てて会場にいる制作会社のスタッフを見渡した。モデルへのキュー出しがやれそうな人は誰もいない。しかし、明日はミニショーを3回行う予定であり、モデルは会場をウォークするのだ。フロアに出て戻ってきたモデルが着替える時間を考慮した詳細なプランがないと、プレゼンテーションは崩壊するだろう。

「どうする？」

「〈わたし〉たちでやるしか、ないですね」

コーディネーターの彼女とユキが気丈にも、プレゼンテーションの時間の配分とモデルが出入りするタイミングのプランを明日までにつくると言ってくれた。ウォーキングのプランづくりなど誰もやったことがなかった。

「なんとか形になりそうだ……というより、形にしなくては」

他の参加スタッフが、それぞれの持ち場を超えて対応してくれたことで、プレゼンテーションは無事終わった。モデルが歩くミニショーを予定通り3回やれただけでも上出来だったのかもしれない。

プレゼンテーションの目的は、ジャーナリストにブランドを知ってもらうことだ。集客を例のロンドンとニューヨークを拠点とするプレスオフィスに依頼した。しかし、来場者は合わせて１００人に満たなかった。満足な結果ではなかった。もう少し人を呼べないとやる意味がない。ジャーナリストに記事を書いてもらうことで、ブランドの認知度を上げたいのだが、知られていないブランドが単独でプレゼンテーションをやっても、情報は届かず人は来ない。さらに、当然ながら、ジャーナリストたちは、同じ時間に行われる公式スケジュールのショーに行くことを優先する。

パリでプレゼンテーションをやるならば、パリの仕組みの中に飛び込んでいく必要があることを悟った。一番効果的なのは、フェデラシオン・ドゥ・ラ・クチュール・エ・モードという組織[*26]が取り仕切るパリ・ファッションウィークの公式メンバーとして承認され、オフィシャルカレンダーに情報が掲載されることだ。フェデラシオンはシーズンに先立って、公式メンバーのショーやプレゼンテーションのスケジュールをウェブサイトで発表する。多くのメディアが、それを即日報道する。そうして情報が世界に伝わっていくのだ。日本人であり、かつパリの仕組みの外にいると、〈わたし〉が話しかけたい人たちに声が届くのに、とてつもなく時間がかかるような気がした。

「最後には、目的地にたどり着けるかもしれない。けれどその長い道のりを〈わたし〉と会社は我慢し続けられるだろうか」

プレゼンテーションを終えた数日後、プレスオフィスと反省会を兼ねた打ち合わせをした。〈わたし〉は、ニューヨークの責任者である彼に、フェデラシオンに正式メンバーとして承認されるプロセスについて尋ねた。

「〈わたし〉たちも臆せずパリの真ん中に出ていきたい。オフィシャルカレンダーに挑戦するのをどう思う？　可能性はあると思っているんだけど」

彼はこう答えた。

「公式メンバーを目指すのであれば、パリのプレスオフィスと一緒にやる必要があるよ。でも探すのさえ簡単じゃない。特に日本のブランドはね。やってくれるところが見つかったとしても時間がかかる。それに結果を保証できない」

パリにはファッションウィークの構造だけではなく、それを支えるコミュニティがある。つまりフェデラシオンと関係が深く、パリを拠点にするプレスオフィスに仕事を頼まないとパリの仕組みに入っていくのは難しいということなのだ。ニューヨークの彼の発言の意味を〈わたし〉はそう理解した。彼は最後に言った。

「それにこだわらなくてもいいんじゃない?」

彼の真意をはかりかねた。単純に、そんな大変なことをやらなくても、ほかに方法があると言いたいのだろうか。あるいは、僕たちの手には負えないということなのだろうか。それとも、パリの権力という支配的な価値に取り込まれないほうがいいよと言ってくれている?

「いったい、どういう意味なのだろう」

29

デザイナー神話とスペクタクル

最初のプレゼンテーションは、無事終わらせることで精一杯だった。そして、自分が何も知らなかったことに気づき、かなり落ち込んだ。〈わたし〉がバイヤーとして見てきたようなプレゼンテーションをやるには、どのぐらいの費用がかかって、どのぐらい多くの人たちがかかわり、どのぐらいの準備期間とエネルギーが要るのか、わかっていなかったのだ。しかし、ブランドは少しずつでも前に進んでいかなければならない。〈わたし〉の次の目標は、パリ・ファッションウィークの公式メンバーとして承認され、フェデラシオンのオフィシャルカレンダーに掲載されることになった。

ショールームの２人に、パリのプレスオフィスの件を相談した。ぜひ一緒に仕事をしたいと思っていた意中の有力オフィスの名前を挙げたが、彼らはいい顔をしなかった。広いようで狭い業界なので、どこかで一緒に仕事をしたが折り合いが悪かったようだ。その意中のプレスオフィスから業務提案書《プロポーザル》をもらっていたが、ショールームの２人のコメントとマンスリーのフィーが上がることが気になって返事が遅れた。〈わたし〉

が少し迷っているあいだに、そのプレスオフィスは別のブランドと契約を決めてしまった。

「今シーズンは仕事を受けられません」

しまったと思ったが、すでに遅かった。〈わたし〉が迷ったことを見透かされたようだった。

「お金とか、いろいろ迷うなら、まだ早いんじゃない？　出直してきなさい」

と言われたような気がした。

「あと4年たってから出直してきなさいと言われたのよね」

そういえば、知人のデザイナーが愚痴をこぼしていた。結局、ニューヨークのプレスオフィスとの契約を解消し、ショールームから紹介されたプレスオフィスと契約をした。ミラノとパリの両方にオフィスを構えている。その女性オーナーも、ニューヨークの彼と同じことを言った。

「パリ・ファッションウィークの公式メンバーになるには、労力と時間がかかるわよ。可能性はあると思うけど、とにかく時間がかかるのよ」

パリ・ファッションウィークは、開始と終了の日程が決まっている。さらに、1時間ごとに区切られたショーのスロットは一つのブランドが独占する。朝9時スタートから夜8時スタートまでショーをやったとしても、1日に可能なのは12ブランドだ。公式メンバーとして承認されるブランド数は自ずと決まってくる。上限があるのだ。現時点でショーのスロットはすべて埋まっている。つまり、すでに承認されている誰かが脱落しないと空きが出ないのだ。空きは毎シーズン一つか二つ、多くても三つだ。その希少な枠を目掛けて、世界から30以上の候補者が手を挙げる。公式メンバーに入り込むのは10倍以上の確率で、特にウィメンズのプレタポルテは難関だ。プレスオフィスの女性オーナーは続けて〈わたし〉に言った。

「デザイナーにはカリスマ性がいるのよ」

このプロジェクトの担当になった彼も、ニヤリとしながら〈わたし〉に言った。

「〈あなた〉を売ります」

〈わたし〉は強烈な違和感を覚えた。

「違う、違うのよ。そんなんじゃない」

心の中でそう思ったが、なぜ違うのかを、その瞬間に説明できなかった。ブランドのコンセプトや商品の特徴を説明した上で、アプローチをする媒体について、それから、理想のブランドの露出の仕方について話し合った直後の発言だった。大切なものが大きくズレているような気がした。しかし、彼らにとって、ショーをするデザイナーというのはそういうものなのだ。

「売ってほしいのはブランドと商品で、〈わたし〉のことはいいのに。なんでそうなるのだろう。〈わたし〉には、スターデザイナーみたいに自信たっぷりに質問に答え、話題を提供し、常に気の利いたことや知的な冗談を言うような振る舞いはとてもできない。世の中の素敵な女性たちが、〈わたし〉の服を着ている。けれど、〈わたし〉のことは知らない。カフェの隣のテーブルで、2人の女性が〈わたし〉のブランドについて話している。それを聞いて、〈わたし〉は思わず嬉しくなって気づかれないようにクスッと笑う。けれど、彼女たちは〈わたし〉のことは知らない。それがいいのに」

もちろん、ブランドのデザイナーが誰なのか、皆知りたがるだろう。デザイナーの名前や経歴にまつわるストーリーがないとニュースバリューをつくるのは難しく、ブランディングがやりにくいのかもしれない。ブランドの背景にある考え方やものづくりの姿勢、どのような生き方の女性たちをイメージしているのか、それらを伝えていくことは必要だ。しかし、カリスマデザイナーというカードを切らなくても、伝える方法はあるような気がした。デザイナーが前に出て喋る必要もないし、カリスマになる必要もない。あくまで職業の一つだ。カリスマデザイナーという言葉はとても安易な気がした。ブランドの信念を人びとの心に届ける別の方法があるのではないだろうか。インスピレーションを受けて考え、手を動かして、チームと一緒に服をつくり、それを囁くように伝える。そのサークルが少しずつ、けれど確かなものとして育っていくようなやり方がいいのに。それがブランドの考え方としても、〈わたし〉自身にも合っているように思えた。

「もしかすると、それはブランドを世界で売ることと矛盾しているのだろうか」

30

インスピレーション

それは、ふとやってくる。意識と意識のあいだにポッカリとあいた入り口の向こうにある。作業している手を止めて考えるのをやめ、デスクから立ち上がって、バスルームのドアをあけた瞬間。あるいは、ぼんやりと庭の植木に水を撒いている瞬間。フル回転で一日働いた脳を休めて、おやすみなさいと呟きながら目を閉じる瞬間だ。

薄暗い、ずっと遠くまで広がる無意識の地平を、端から小さなヘッドライトで照らしていく。小さな灯《あかり》を少しずつ、すこしずつ動かしながら、広がる領域を隅々まで丹念に照らしていくのだ。灯はしばらく左右にゆらりゆらりと揺れながら、ゆっくりと移動していく。

揺れながら動いていた灯がピタリと止まる。ぼんやりと広がっていた灯の輪郭が、急にシャープなラインに変化する。灯の先に何かがくっきりと照らされている。近づいていくと、それが見えそうだ。

「何だろう」

そのとき、脳裏に一つのイメージが結晶する。

ハッとして無意識から意識へと戻る。受け取ったイメージを忘れないよう頭の中で繰り返しながら、いつも机の上に置いてある鉛筆とポストイットを手に取る。そこに書き留めるのは言葉だ。イメージから受けた印象を言葉にする。

素材の圧倒的なボリューム
揺れるゆたかな量感
とても幸せな手触りのある暖かい感じ
切り替わっていく強いコントラスト
強くエッジが立った曲線
アシッドな色がぶつかり合って生まれる金属音のような不協和音
いつもどおりの日常だけれど色が半トーンずれて曇った世界

イメージはそのときどきでさまざまだ。パターン化できるような共通項はない。このようにイメージを受け取るようになったのはいつからだろう。自分でわかっているのは、無意識の領域に常に栄養を与え育てていることだ。必要なときに〈わたし〉の無意識はその場所で探索をはじめる。受けたイメージが服とすぐに結びつくわけではない。けれど、それが重要だ、と直感的にわかるのだ。イメージを何度も頭の中で反復してみる。反復しながら手を動かしてくっきりさせていく。手を動かして書くのは言葉か、イメージを再現するための引っ掛かりになる形だ。

イメージがビビッドに像を結び、すぐに頭の中に取り出せるようになったら、次のステップに進む。イメージを可視化するものを探すのだ。まずは、ストックしている気になるものデータベース兼ボックスをなぞり直す。そこには、写真、色見本、素材や言葉など、自分で気になると思ったものが形式を問わず放り込んである。やり方にルールはない。写真や絵のような平面でも、形をもつ物質でも、デジタルかリアルかも問わず、自由にコラージュする。イメージを立体的に育てていくのだ。ここでも具体的な服のデザインという枠を決めずに進める。

デザインの出発点は、〈わたし〉のとても小さなひらめきの点からはじまる。それを見えるものへと立体的に育てていく最初のプロセスは、とても個人的で繊細な、自由な時間なのだ。一人きりでこのプロセスを楽しんだあと、ものづくりは次の段階へと進む。

ここから、育てたものを服に落とし込む仕事がスタートする。〈わたし〉のとても個人的なひらめきが、約1年、あるいはそれ以上をかけて多くの人と交わることで形になり、着る人の手に届く。手触りがある物質とイメージのあいだを何度も往復する。そのプロセスにおいて、原材料が選ばれ、編み地になり、素材になり、色が与えられ、同時にフォルムとあるいはディティールとを往来しながら服になっていく。それはただの服ではない。この素材は何を表現するのか、この色は、この形は、というように一つひとつ意味を与えていく行為なのだ。それを何重にも重ねていくことで、意味は大きな塊となり、目の前に立ち現れてくるのだ。

31

スタイリストの仕事とその値段

パリ滞在中はいつものことだが、1週間のスケジュールは一杯だった。展示会場の準備や片付け、ショールームとの打ち合わせ、店のための買い付けで1日が埋まっていた。どこかのタイミングで、プレタマンジェのサラダかスープにありつければラッキーだ。なんとか夜まで集中力を継続しなければならない。特に今日は重要なアポイントがある。パリのプレスオフィスとの打ち合わせだ。次のプレゼンテーションに向けて、大まかな方針を話し合うことが目的だ。プレゼンテーションではあるが、フェデラシオンの公式メンバーとして承認されたのだった。パリでプレゼンテーションをはじめてから3シーズンを終えたところだった。パリ・ファッションウィークのスケジュールに〈わたし〉たちのブランド名が掲載される。それは、実質的な世界へのデビューだ。

本格的なプレゼンテーションで商品を見せるとなると、より〈わたし〉たちのプロジェクトにコミットしてくれるチームが必要だ。社内のメンバーだけで完結できるような簡単なものではないのだ。〈わたし〉たちがつくり出した意味を、スタイリスト、ヘア、メイク、会場の環境、モデルのキャスティング、演出、ライティングとそれぞれが意味を重ねて、さらに大きな立体的な意味の塊としてつくり上げていく。

特に、キーパーソンであるスタイリストを探したいと思っていた。スタイリングという領域を超えて、チームづくりとブランドのイメージづくりに踏み込んでくれる人物だ。パリのクリエイターネットワークの中心にいて、参画してくれるクリエイターたちと〈わたし〉をつないでくれる人物が必要だった。スタイリストの仕事は幅広い。ヘア、メイク、キャスティングディレクター、音楽、演出、フォトグラファーといったクリエイターとのチームづくりもスタイリストに負うところが大きい。イメージに合うモデルをキャスティングディレクターに指示するのも仕事の一つだ。常に撮影をしているので、どのモデルが今活動をしているのかを熟知している。必要であれば、ニューフェイスを探し出し、ブランドのエクスクルーシブとして確保したりもする。どのモデルに、どのルックを着せるのかを判断し、ヘアやメイクのイメージを最終的にどう仕上げるかを具体的に指示するのも、スタイリストだ。モデルの持つ雰囲気や肌の色、今のヘアスタイルを生かしながら、プロトタイプとして決めたスタイルをモデルごとにどう調整するのかを決めていく。プレゼンテーションをやるまで知らなかったことだった。

スタイリストへのシーズンの支払いが2000万円という話を聞いた当時《とき》は驚いた。ビッグメゾンのショーや著名雑誌のファッションディレクターを務める大物が要求する報酬《ねだん》だ。しかし、やってみるとよくわかる。ショーやプレゼンテーションの骨格をつくり上げるのはスタイリストなのだ。スタイリストが変わると、ブランドがまったく違うものになってしまうこともよくある。もちろん、〈わたし〉たちにはそんな予算はないが、話し合い、応答し合いながら関係をつくり、チームとして仕事ができる人物を探したかった。

パリのプレスオフィスの彼に考えを伝えた。数日後、メールで提案が送られてきた。月曜日だった。送られてきたリストには、いつか一緒に仕事をしてみたいスタイリストの名前があった。

「本人と会う日程を調整するので、パリにいるあいだで可能な日時を教えて」

プレスオフィスの彼とエージェントとのやり取りの一部が、メールに貼り付けられていた。

「まさかね。彼は〈わたし〉たちの予算をわかってるかなあ」

予算のことが引っかかったけれど、すぐに予定を知らせた。翌日戻ってきた彼からのメールには、打ち合わせの日程は明日返事がくる予定となっていた。

「勘は当たるのよね。うまくいき過ぎだもの」

翌日の水曜日、〈わたし〉の予想通り返事はなかった。そもそも可能性はない。けれど、〈わたし〉がいつか一緒に仕事したいスタイリストとして名前を挙げたから、プレスオフィスの彼がパフォーマンスをしたのだと思った。

「テイストの方向性を理解してもらうために名前を挙げたのであって、もっと本気でいまの〈わたし〉たちにとってどのスタイリストがいいのかを考えないと。それが仕事だよね」

いまの〈わたし〉たちが、そのスタイリストと仕事をするのは難しいだろう。わかっている。それでも、仕事を受けられないという返事をもらうと気持ちが沈む。〈わたし〉の気持ちが切り刻まれてしまわないよう、なんとか、けれど的を得ない言いわけを自分の中で繰り返した。

木曜日の朝、もう一度メールをひらいた。プレスオフィスの彼からメールは届いていなかった。そのまま放っておこうかと思った。

「いや、ここで遠慮するのはおかしい。できればパリにいる土曜日までに候補者に直接会って話をしたい」

そう思い返してメールを入れると、夕方に返信が届いた。

「She has just confirmed another commitment for a consulting & styling for a Luxury House during the coming Paris Fashion Week.」

「やっぱり。なんだかうまくいき過ぎだと思ったんだよね。こんなに早く彼女と仕事できるわけない。最終的に予算も合わないだろうし、もともと可能性はなかったのでは。無駄なパフォーマンスをしないでほしいなあ。今シーズンのスケジュールが空いているかどうかくらい、事前に調べてよ」

また自分への言いわけを繰り返した。それでも、奥から湧いてくる自己否定の感情。必死でそれを振り払った。

「ただ単純に、彼女とやるのはまだ先なのだ。相手がラグジュアリーハウスではとても太刀打ちできない。いくらでもお金を払う人たちだ。あるブランドは、ショーのためにスタイリストに2000万円を支払っていると聞いたけど、ラグジュアリーハウスが払う金額はそれ以上かもしれない。これは諦めよう。というか諦めるしかない。でもいつか一緒に仕事ができるはずだ。そう考えよう。神様が、彼女とやるのはいまじゃない。まだ先だよ、と言っているのだ」

1月もあと1週間で終わる。3月の第1週に予定されているプレゼンテーションまで時間がなかった。落ち込んでもいられない。プレスオフィスの彼は、替わりの候補を送ってきていた。憂鬱な気持ちでリンクをひらき、最初の1人を見た。

「あっ、あの仕事をしたのは、この女性なんだ」

名前は知らなかったが、彼女の仕事はよく知っていた。

「彼女は週末、ロンドンで撮影予定」

ぜひ彼女に会いたいと伝え、同時に、土曜日の朝ロンドンに向かうユーロスターのチケットを予約した。

「まだ運は味方してくれているかも」

〈わたし〉はコンピュータを閉じて、眠りについた。

32

クリエイティブクラスの生態

「彼女は、土曜日と日曜日はロンドンで撮影の予定。日曜日の朝8時30分に、ユーロスターの駅近くで会いたいと言ってきているけど、どう？」

翌日金曜日の朝に送られてきたプレスオフィスの彼からのメールには、日曜日が指定されていた。けれど、〈わたし〉がロンドンに滞在できるのは土曜日1日限りだった。日曜日の朝9時30分発のロンドン—パリのフライトに乗り、パリ経由で東京に戻る予定だ。時間は変更できなかった。指定された時刻では、どうしてもに間に合わない。

縁がない予感がした。

「土曜日の昼、12時30分にロンドンに着く予定。土曜日中に会えるよう、今なら到着時間を早めることはできるけど、どう？」

メールに返信した。〈わたし〉の携帯電話の番号も添えた。担当の彼が〈わたし〉の携帯番号を持っているのは知っている。でも、念のためもう一度番号を書きたくなった。急ぎだったらメールじゃなくて、お願いだから電話してよねという意味を込めた。

その日の夜8時、プレスオフィスの彼からもう一度メールが入った。

「エージェントと話したよ。彼女は土日とも撮影だ。土曜日の朝早い時間が可能かどうか聞いているんだけど、まだ連絡がないんだよ」

その後、プレスオフィスの彼から音沙汰がなくなった。土曜日の朝になってもメールは入らなかった。携帯電話に連絡してみたが、つながらなかった。1月はメンズのコレクションとウィメンズのプレコレクションが同時に行われるファッションウィークだ。世界中からパリに集まって仕事をした人たちは、終わると一斉にパリを離れる。彼もパリから、今の生活拠点にしている香港への帰路だろうと思った。

「あのハードなファッションウィークのあとは、誰だって数日は休みたいよね」

無責任だとも思ったが、彼に腹を立てる気にはならなかった。

「彼女が週末ロンドンにいることは確かだ。縁があれば会える。ユーロスターのチケットは買ってしまったから、ロンドンには行こう。彼女からの連絡をなんとなく待ちながら、ミュージアムに行くのも悪くない。たしかヴィクトリア&アルバート・ミュージアムで見たい展覧会があったはず。セルフリッジやドーバーも見たいし。久しぶりのロンドンで半日を過ごせるのはかえってよかったのかも」

何かに振りまわされているような気がした。しかしそう思いたくはなかった。他のことをしながら待つのが正しいように思った。ロンドンの街を歩き、セルフリッジやドーバーストリートマーケットを見てまわった。ヴィクトリア&アルバート・ミュージアムで写真展を見てから、ゆっくりお茶を飲んだ。

金曜日の夜以来連絡が途絶えていたプレスオフィスの彼からメールが入ったのは、〈わたし〉が東京に戻った翌々日、水曜日の夜だった。

「結局、土曜日の撮影が長引いて会えなかったようだけど」

彼は今日から仕事を再開したようだ。ロンドンの朝の時間を待ってエージェントと話をしたのだろう。週末に彼女と〈わたし〉が会えたのかどうかを確認してから、メールを送ってきたのだ。

「彼女はのスケジュールは調整がつくようだよ。前回のコレクションの内容とブランドの雰囲気も気に入っているみたい。彼女のフィーは1万2000ユーロ、プラスエージェントフィー。もちろん交渉可。ビデオ会議を提案してきているけど、どうする?」

翌日木曜日、午前中のフィッティングが一通り済んだあと、担当の彼にメールを入れた。

「もちろん。直接話してから決めたいと思ってる。彼女がどうブランドを解釈しているのかも聞きたい。前回の写真を見てくれているみたいだけど、進化させていく方向性についても話したいなあ。スカイプの件は次の時間で調整できる？
今日　木曜日
午後9時から11時（東京）／午後1時から3時（パリ）
明日　金曜日
午後11時から1時（東京）／午後3時から5時（パリ）
明後日　土曜日
いつでも！」

こちらのスカイプIDも伝えた。夕方、プレスオフィスの彼から返信がきた。

「了解。エージェントと連絡取れ次第、連絡するね」

3時間後にまたメールが届いた。

「今日はエージェントも彼女も連絡が取れないよ」

今日の進展はなさそうだ。東京はすでに夜9時を過ぎていた。残りの業務を片付けてコンピュータの電源を切ろうと画面を見ると、メールが入っていた。さっきから50分しかたっていない。状況は急転回する。

「今、彼女がちょうどニューヨークに着いたところ。ビデオ会議だけど、明日金曜日。時間は午後1時（パリ）／午後9時（東京）／午前7時（ニューヨーク）。彼女のスカイプIDを聞いて連絡するね」

スタイリストの彼女は、パリのファッションウィークでビッグメゾンのショーを二つこなし、週末はロンドンで雑誌の撮影、木曜日のフライトでニューヨークへと、常に移動する生活を送っているようだ。立て続けにメールがやってきた。

「何日間依頼する？　彼女のフィーは1日あたり1万2000ユーロだよ」

「やっぱり。なんか変だと思った。最初からそう言ってほしいなあ。モデルのキャスティングもやりながらだから、1日で仕事が済むわけがないよ。もし3日間なら3万6000ユーロになる。ポンドじゃないだけマシだけど……とにかく彼女と話してみよう。合わなければ、そもそもフィーを考える必要もないしね」

指定された金曜日の夜9時に間に合うよう自宅に戻って、彼女と話をする準備をした。いよいよだ。デザインするときに〈わたし〉が大事にしていること、ブランドの強み、描く女性像、進化していきたい方向についてメモを書いて、彼女に話したいことをまとめた。

約束の時間にスカイプを鳴らしたが、彼女のスカイプはまだ立ち上がっていないようだった。

「日本人と違って30分ぐらい遅れてくることはよくある。もう少し待ってみよう」

1時間が過ぎた。スカイプはつながらなかった。2時間が過ぎた。まだつながらない。とうとう夜11時半になった。〈わたし〉は待ちくたびれて、とても疲れてしまった。さすがに怒ってもいい時間だ。

「こういうときにきちんと怒らないと、今後なめられるでしょう」

日本人は主張しないと思われるのも嫌だった。怒りのメールをプレスオフィスの彼に送った。

「ロンドンでも1日待たされて会えなかったんだけど、どうなっているのかなあ。今週にはスタイリストを決めないと間に合わなくなると思うのだけど」

彼からすぐに返事がきた。

「スカイプの調子が悪いみたい。携帯の番号を教えたから」

〈わたし〉の携帯の着信音が鳴った。夜の12時半を過ぎたところだった。

33

クリエイティブクラスとそのシステム

スタイリストのミアと仕事をしたいと、プレスオフィスの彼に伝えた。彼女はブランドの個性をよく理解している。電話で話してそう思った。ここからは、いよいよ条件交渉になる。彼女に依頼するメールを、エージェントに直接送った。ユキと〈わたし〉は細心の注意を払って丁寧なビジネスメールの原稿をつくり、２人で慎重に内容を確認した。それから送信した。

翌朝、エージェントから返事があると思っていたが連絡はなかった。夕方になっても音沙汰がないので、ユキが急かすメールを入れると、ようやく返事がきた。

「あなたたちと仕事するのはハッピーと彼女は言っているわ。いつ話せる？」

エージェントはミアの意思を確認していたのだろう。メールを見たユキが〈わたし〉のところに飛んできた。

「つかまるときにつかまえないと。すぐに電話しましょう」

ロンドンの朝一番の時間を狙ってこちらから電話をすると、エージェントは決まって会議中だった。メッセージを残してもコールバックしてくることはない人たちなのだ。

「1時間以内はどう」

とユキがメールすると、すぐに携帯電話の番号が送られてきた。〈わたし〉たちは会議室に入ってスカイプを立ち上げ電話をした。エージェントは電話に出たが、外を歩いているようだった。ランチのサンドイッチを買いに出ていたのかもしれない。すぐに電話がかかってくると思わなかったのだろうか。どこか雑な態度だった。〈わたし〉とユキは、スピーカーフォンから聞こえてくる彼女の対応に顔を見合わせた。世界で活躍するトップクリエイターを抱えるトップエージェントなのに。あるいはトップエージェントだからなのだろうか。こちらの要望を手短に伝えて電話を切った。

「ミアも、ミアの仕事も最高だけど、どうなのだろうね」
口には出さなかったけれど、お互いそんな気持ちになっていることが伝わってきた。

翌水曜日、ロンドンの朝９時前にエージェントから長いメールが入った。電話の態度とは明らかに違う、とても丁寧なものだった。このプロジェクトをつかみにきたようだ。つまり、〈わたし〉たちはやっとクライアント候補生の身分になれたのだ。ミアからの、キャスティングディレクター、ヘア、メイクチームの提案、くわえてスケジュール、フィーが項目ごとに整理されていた。

「まずはキャスティングディレクターのアーロン。彼のスケジュールはミア本人が直接聞いてくれている最中。連絡先は知ってる？　あなたたちが彼を使う義務はないけど。彼に決まれば、スタイリストはニューヨーク、あなたは東京、彼はロンドンだけど、エレクトロニカリーにキャスティングは進めていけるわね」

アーロンは違う事務所の所属だから、あまりプッシュをする気はないらしい。

「ミアのデイリーレイトは1万２０００ユーロ、プラス20%のエージェントフィー。トラベルコストはパリの他のクライアントと折半になる。次のシーズンもミアと日数を増やして仕事するなら、ディスカウント可能。日数を増やすほうが、ただのスタイリングより深くかかわることができていいと思う。コンサルティングレベルでね」

そしてメールはこう締められていた。

「プレゼンテーションの当日が３月３日だから、１日、２日と当日の合計３日間ね。２月27日と28日の２日間は、ミアはすでに別のブランドの仕事が決まっている。ミアぐらいのクラスになると、ファッションウィーク中は、それぞれ時間を分け合って仕事するのはごくごく普通。スタイリング、もし必要ならコレクションのディレクションもスタートできるわ。今日いつ話せるか教えて。時間をちゃんと空けておきたいから。ミアは一緒に仕事するのをとても楽しみにしている。私たちもね」

交渉して1万ユーロ、プラス20％の2日半分ならば払ってもいい。〈わたし〉とユキは、そこまでだったら頑張ろうと腹を決めた。なぜなら、次回のプレゼンテーションは今までとは違う。パリ・ファッションウィークの承認を受けたオフィシャルメンバーとしてのプレゼンテーションだ。ちょうど、「日本発のラグジュアリーブランドとして国内外における事業展開を加速し、さらなる成長を目指す」ことを双方の目的とした資本業務提携を昨年実施し、資金調達をしたところだった。新たに加わった役員たちに状況を説明し、ミアのフィーの了解を取り付けた。

水曜日の夜、ユキはふたたび、完璧なビジネスメールをエージェントに送った。

「〈わたし〉たちのバジェットは2万5000ユーロ、プラス20％。スタイリングとキャスティングがプレゼンテーションの直前2日間だけだと、サイズのお直しが出た場合、間に合わなくなると思う。27日に半日でも一緒に仕事ができれば、決めたことをミアが不在の28日を使って、アトリエチームで直す作業ができる。だから、27日のスケジュールを調整できない？」

〈わたし〉は27日にどうしてもミアと打ち合わせをしたかった。ミアと一緒にスタイリングをする2日間の仕事の感触をつかみたかった。3月1日と2日は、遅くまでスタイリングとキャスティングに時間を取られるだろう。スタイリングそれ自体は、〈わたし〉とミアが頑張れば問題ない。でもその後、スタイリングカード[*27]を仕上げ、モデルに合わせてお直しをする仕事がある。〈わたし〉はアトリエチームのパンクが気がかりだった。パリに連れていくスタッフは、たったの3人。27日に少しでもミアと打ち合わせができれば、28日にある程度はこちらで作業の段取りと準備ができる。ミアと一緒の2日間はスタイリングとキャスティングに集中する。それならば、短い時間と少ない人手でも何とかやり切ることができるだろう。

9時間後、日本の早朝にメールが入った。

「27日に時間を取るより、直前の2日間に集中したほうが効率がいいと思うけど。これから30分で家に帰るから、その頃に電話もらえる？」

ユキは早朝から粘り強く電話で交渉をし、27日の2時間のワークを勝ち取った。エージェントのメールを受け取ってから1時間半後には交渉をまとめ、スケジュール、フィーの詳細を整理しメールを送っていた。そしてもう一度確認だ。

「〈わたし〉たちのバジェットは、2万5000ユーロ、プラス20％のエージェントフィー。日本時間の20時までにコンファメーションを送って」

太字で記して、メールを締めた。

「相手の気が変わらないうちに、決めてしまいましょう」

ユキの粘り強さとスマートさに感心しながら、これでまとまるだろうと思った。次のプレゼンテーションはミアとの仕事になる。ブランドはどんな姿に進化するだろうか。
エージェントから日本の18時ちょうどにメールが入った。

「会社の正式名称とサインする代表者の名前を教えて」

ユキからの返答メールが10分後に出ていった。ついに最終段階に入った。もうすぐサインだ。

ところが指定の20時までにコンファメーションがこない。ふたたび嫌な予感がした。
ユキが催促のメールを入れると、しばらくして返信が届いた。

「内容を確認してサインバックしてね」

クリックしてひらいた途端に力が抜けた。予算として伝えた金額にくわえて、ミアの旅費、アシスタントフィー、ホテル代、空港への交通費、コーディネーションフィーが記載されていた。ユキとエージェントの交渉の一部始終は知っている。彼らは確かに、その他の費用は他のクライアントとシェアね、と言っていた。しかし、その後〈わたし〉たちの予算を伝えて総合計金額を合意したつもりだった。

ふと我に返った。

「もともと無理だったのかもしれない。これ以上、値段を交渉するのはやめよう」

なぜか、そう思った。

「彼らは１００万円単位で費用を請求することを慣習とする人たちだ。〈わたし〉たちの金銭感覚やルールとは違う世界で生きている」

ユキはそれでも粘り強くメールを送っていた。夜の10時半だった。

「〈わたし〉たちのバジェットは2万5000ユーロ、プラス20%。これは社内でオーソライズされた予算なのよ。修正してコンファメーションを送ってね」

ユキがメールを送った30分後、夜11時に返信がきた。修正版が添付されていた。あけてみると2000ユーロがディスカウントされていた。しかしながら、〈わたし〉たちの予算に合わせてくれてはいなかった。〈わたし〉とユキのどちらから提案するでもなく、2人とも自然に、夜10時半のメールで金額の交渉は最後と決めていた。これで相手が〈わたし〉たちの予算に合わせてこなかったらやめよう。どんなに頑張っても2万5000ユーロ、プラス20%が精一杯だ。これを超えて社内で了解を得るのは難しいだろう。〈わたし〉たち以上のお金をミアに払うクライアントはいくらでもいる。彼らも〈わたし〉たちに合わせて安い仕事をする理由などないのだ。予算も、そしてロンドンで1日待たされたときから積もってきた〈わたし〉とユキの気持ちも、限界だった。

ラグジュアリーメゾンと仕事をするフォトグラファーの言葉を思い出した。

「知ってる？　あのブランドのプレコレクションのショー予算は2億円。彼らはクレイジーだよ」

34

ショーへのハードル

結局、ショールームの２人が彼らのネットワークから探してくれたスタイリストと働くことを決めた。

次の重要な決定は、月曜日からはじまり翌週の火曜日まで続くパリ・ファッションウィークにおいて、プレゼンテーションの日時をいつにするかだ。なぜなら、どのショーと時間が重なるかで、集客の人数が大きく変わってしまうからだ。前後のスロットであっても、ビッグメゾンのショーがあり、かつその会場がパリの中心から離れていたら、重要なジャーナリストが〈わたし〉たちのプレゼンテーションに足を運ぶ可能性はなくなる。日時を決める上で他に考慮するのは、日曜日からはじまる展示会にサンプルを確保すること。つまり、もっとも遅くてもプレゼンテーションは土曜日までに済ませたい。展示会場の〈わたし〉たちのスペースに何もない状態にはしたくない。展示会中にサンプルがない日ができてしまうと、売り上げにも影響があるだろう。一方、ファッションウィーク前半の月曜日や火曜日を選ぶと、〈わたし〉たち側の準備を1週間早めることになる。サンプルがパリに間に合わない事態は避けたい。最後のポイントは、パリでの滞在日程をできるだけ短くすることだ。〈わたし〉の希望日時は、この四つの折り合いをつけた土曜日の午後だった。けれど、プレスオフィスは反対した。

「重要なショーが三つあるからリスキーだよ。木曜日か金曜日、準備が間に合わないなら日曜日をすすめる。あなたのために。フェデラシオンもそう言っている」

プレスオフィスの彼が重要なショーとして名前を挙げたブランドが、誰もがかならず行くショーだとは思えなかった。知り合いのジャーナリストやエディターたちに尋ねたが、全員が行かないと答えた。思い切ってフェデラシオンに直接メールを送ってみた。

「木曜日と金曜日は混み合っているから、他の日のほうがいいと思う」

フェデラシオンからの返信に、〈わたし〉は少し混乱した。発表されている仮スケジュールをもう一度眺めた。

「フェデラシオンが言うように、木曜日と金曜日は避けたほうがいいでしょ。そして日曜日にはサンプルが展示会場にあったほうがいい。木曜日より早いとサンプルがパリにつかないリスクが出てくる。危ないなあ。となるとやっぱり土曜日しかない。さて土曜日は。もう一度スケジュールをよく見てみよう。えっ？ あー。そういうことか。土曜日に自分たちは別のショーがあるからと、正直に言ってくれればいいのに」

担当の彼のメールに被せて、プレスオフィスのオーナーからメールが送られてきた。

「私たちは、あなたのために言っているのよ。それらのブランドはパリに大きなフラッグショップをオープンしてからショーも人気なの。土曜日は最悪！ 私だったらフライトを日曜日に変更してプレゼンテーションをするわね。フェデラシオンも同意しているわ」

〈わたし〉は返信した。

「今からすべてを調整し直すのは無理だと思う。1日滞在が延びるとコストもかかるし。もしフィッティング用にオフィスを1日貸してもらえるなら可能かもしれない」

早いうちに手配しているエアチケットを、出発の日まで1ヶ月を切ってから予約し直すと、代金は確実に倍になる。それも出張者全員分だ。ホテルも早く予約しているから、平時の値段で確保できている。ファッションウィーク直前だと、すべての値段が倍になるのを彼女は知っているのだろうか。

「とにかくすべてを手配し直して。土曜日は本当にリスキーよ。残念ながら事務所はファッションウィークだから空けられない。もともと土曜日をプレゼンテーションの予定にしているのだから、金曜日にフィッティングは終わるでしょ？ フィッティングのスケジュールはそのままにすればコストは追加にならないでしょう？」

万が一、時間があるならば、直前まで考えて少しでもいいものを送り出したい、というつくる側の気持ちは想像できないのだろう。〈わたし〉はこのやり取りを終わらせたかった。

「ちょっと混乱しているんだけど。フェデラシオンに聞いたら木曜日と金曜日はイベントが一番多いからおすすめしないと言っていたけれど。なので、そちらのアドバイス通り、ヴィヴィアン・ウェストウッドのショーの時間を避けて、土曜日の昼2時から夕方4時半が一番いいと判断してる。ところで、土曜日にそちらが担当しているブランドのショーがあるよね」

「私たちはプロフェッショナルなのよ。プロフェッショナルとしてあなたにアドバイスしているの。パリで20年以上ショーの仕事をしているわ。もしアドバイスを聞かないならそれはそれ。あなた次第。だけどいつもクライアントにとってベストを考えているだけよ。土曜日の午後はとにかく良くない。あなたがコレクションを仕上げる仕事に取り掛かっていることは理解している。でも私たちも多くの仕事をしているのよ。このメールを書くのにだって時間がかかる。だから私がアドバイスしていることはあなたのため、あなたの利益だということをわかって。ところで質問に答えるけど、土曜日に私たちが担当するショーがあるのは事実。だけどそのタイムスロットはいいと思っていないのよ」

今度は担当の彼からのメールだった。

「あなたのために言うけど、フェデラシオンに直接連絡するのはやめて！　フェデラシオンとの関係を構築していく上で正当じゃないし、通常のやり方じゃない」

フェデラシオンとコミュニケーションするのはプレスオフィスの仕事なのだと再確認した。それがパリのルールだ。ならば、プレスオフィスが〈わたし〉に代わって正しくブランドをアピールし、かつフェデラシオンと関係が築けないと、ショーステイタスに承認されないということだ。

「これではしばらく無理な気がする」

そう思うとドッと疲れてしまった。

ショーをやるようになったら今のフィーではできない、というプレスオフィスのオーナーの発言も気になった。また知人たちに相談した。しかしさすがの彼らも、パリの有力プレスオフィスを簡単には紹介できないようだった。パリでも、本当に力があるところは数えるほどしかない。そのなかで、ブランドのテイストと合うところとなると、さらに数が少なくなる。頭が痛い問題だった。パリの別のプレスオフィスからもらった業務提案書《プロポーザル》に即答しなかった〈わたし〉を悔やんだ。

35

ショーステイタス

2018年4月、パリ出張から東京に戻り、落ち着いた頃だった。しばらく会っていないニューヨークの友人から、久しぶりに連絡をもらった。ニューヨークのあるプレスオフィスの紹介だった。東京をベースにする他の知人からも、同じオフィスの名前が挙がっていた。15年ほど前だろうか、〈わたし〉もそのオーナーの女性に挨拶をしたことがあった。彼女はプレスとして経験が長く、何よりも世界のクリエイターとのネットワークを持っていた。いくつかの日本発ブランドを理想的な形で海外へ広めた実績もある。

「パリでいいところが見つからないなら、ニューヨークをブランディングの本拠地にして、パリのプレスオフィスにショーだけ手伝ってもらうという方法もあるわよ。そのほうが、パリも仕事の負担が少ないからOKしてくれる可能性があるんじゃない？」

東京の知人のアドバイスだった。とにかく一度話してみようと、ニューヨークの彼女とスカイプでのミーティングをアレンジし、〈わたし〉の考えを伝えた。

「合わないメディアに、無理にサンプルを貸し出す必要はないと思っています。フォロワーが多いという理由で、ブランドのイメージと違うインフルエンサーに商品を紹介してもらう必要もありません。セレブリティへの貸し出しも同様です。合わないメディアへの掲載量が多くても意味がありません。それより、ブランドが世界で育っていくために、戦略の提案をしてほしいのです。どのタイミングで何をすべきなのか。誰にアプローチをすべきなのか。どのようなクリエイターと仕事をするのが良いのか、そして、どのような人たちとつながっていくのが良いのかを一緒に考えてほしいのです」

彼女は黙って聞いていた。〈わたし〉がプレスオフィスに何を求めているのか理解したように思った。ミーティングの最後に彼女が〈わたし〉に提案したのは、フェデラシオンと面談をもつことだった。

数日後、彼女はあっという間にフェデラシオンと〈わたし〉の面談をアレンジしてしまった。面談の日程は次のパリ出張のタイミングだ。

ニューヨークのプレスオフィスの彼女と最初に打ち合わせをしてから3ヶ月後、〈わたし〉は、少し緊張しながらフェデラシオンに向かった。事務所はエリゼ宮の真正面にある。大きな丸い出窓がサントノーレ通りに張り出し、丸さに合った12人は座れる大きな円卓の会議室に案内された。天気が良く、室内は明るかった。外へとあけられた両開きの窓から、澄んだ青空とエリゼ宮が見えた。

フェデラシオンの運営事務局の女性が現れた。メールで何度かやり取りをした彼女だ。挨拶を済ませ、用意したプレゼンテーションのムービーを見せながら、コレクションの説明をした。話し終えたあと、彼女に尋ねた。

「ショーステイタスに申請をしようと考えています。承認基準があれば、参考までに教えてもらえないでしょうか」

フェデラシオンの女性はすぐに答えた。

「三つあります。一つ目はコレクションのクリエイティビティ。二つ目はリテイラーの評価。三つ目はプレスの評価です。継続してバーグドルフで展開をしているし、一つ目と二つ目は問題ないわね。検討すべきは三つ目かしら」

プレスの評価とは、どのようにメディアに報道されるかではない。一流のプレスオフィスと契約をしているかなのだ。1日に12件以上のショーを見るジャーナリストに声をかけ、足を運んでもらう。そして、最低200人いや300人以上の有力メディアの人たちをショー会場に集める。それが実現できなければ、そもそもショーをやる意味がないのだ。有力プレスオフィスの支援を得られるかどうかが、三つの基準の一つなのだ。

「ニューヨークの彼女と契約をしよう」

ユキと〈わたし〉は迷わなかった。

3ヶ月後、ヨーロッパがクリスマス休暇に入る直前に1通のメールが届いた。右側に設定しているプレビュー画面に、大きな青いFの中に黒いHCとMが配置された、力強いフェデラシオンのロゴと「accepted」の文字が見えた。

「Following the Women's Advisory Committee organized yesterday for the PFW Women, we have the pleasure to inform you that we accepted your application for the **official show's schedule**.」

急いで受信メールのリストをクリックし、本文をフル画面表示にした。読み違い、ぬか喜びは避けたい。大きく表示したメールの本文を指でゆっくりなぞりながら、もう一度読んだ。

「we accepted your application for the **official show's schedule**.」

思わず立ち上がり、ユキのデスクへ走って向かった。

「とうとうきたよ。フェデラシオンから」

「えっ！　やったね。おめでとう。すごい快挙だね」

次の秋冬シーズンのデザイン決定は、数型を残して最終段階を迎えていた。

36

王国のディストピア

〈わたし〉は夢を見た――。

迷い込んでしまったこの暗い世界は、いったい、いつの時代なのだろう。過去なのかそれとも未来なのか。〈わたし〉は恐るおそるあたりを見まわす。グレーの濃淡だけで構成される色のない世界だ。いったい、ここはどこなのだろう。

均一なグレーの世界の切れ目から叫び声が聞こえた。遠くに走って逃げようとする人の姿とそれを追いかける3人の兵隊が見えた。兵隊は顔も身体も青みがかった金属のような冷たいライトグレーに覆われている。彼女は兵隊に追いつかれ、押さえつけられる。

「彼女は何をしたのだろう……あの人を知っているような気がする。デザイナーだ。

体育館のように広くて、真っ白なショールームに行ったことがある」

違う方角からまた悲鳴が聞こえた。

「あそこでも人が押さえつけられている。あの髭の人も見たことがある。退任が発表されたイタリアブランドのクリエイティブディレクターだ。メディアからあれほど称賛されていたのに」

2人ともライトグレーの兵隊たちに連れ去られ、まったく見えなくなってしまった。

「いやだ。兵隊がこっちを見たような気がする。見つかったらどうしよう」

〈わたし〉は不安に駆られて、とっさに建物の影に隠れた。しばらくしてから、要塞のような建物の壁づたいに足を震わせながら歩いた。ザラリとした手触りの壁は冷たく、まるで他者を拒絶するように分厚い。小窓から中の様子が見えた。人びとがテーブルを囲んでいる。

「この1バンコールを何に使ったのだ。お前に、バンコールの使い途を考える自由はないことを忘れたのか！　お前はバンコールを増やすために働けばいいのだ。余計なことを考えたり言ったりすると処刑する。この小国でものごとを決めるのは俺だ。従わないとお前の小国をつぶすぞ。わかったか！」

男の威圧的な怒鳴り声が聞こえた。先ほど見かけた兵隊より2トーン濃いダークグレーの顔色だ。その両脇にはミディアムグレーの兵隊が座っている。彼らは口を固く閉ざし、下を向いている。

テーブルを挟んで向かいに座る肌色の人物が口をひらいた。グレーの世界では、体温を感じさせる肌色は美しく温かく見える。

「私の意見を申し上げます。現在、我が小国は年30％の伸び率を継続する成長段階にあり、１バンコールの投資は有益だと思います。御大国の連合領土外にはなりますが、優秀な設計者がいます。初めての百貨市場への参加ですから、陣地の基本型を決める必要があります。最初に１バンコールの費用はかかりますが、別の百貨市場に参加する際、場所に応じて基本型を調整しながら使うことができます。ですので、費用の面においても我が小国のイメージにとっても有益だと思います。そのほうが最終的にバンコールは増えていくと考えます。いかがでしょうか。百貨市場のフリースペースにただ産物を並べてもバンコールは稼げないと思います。何より私どもの産物は安い値段ではありません。念のため確認ですが、我が小国の憲法では、領主は１バンコールを自由に使える権限が定められています。ですから、１バンコールは、その設計者への支払いに充てました。そういえば、今年度の予算はどのようになっていますでしょうか。御大国と同盟条約を締結してすぐに、年度のバンコール使用計画はそちらでつくるとおっしゃっていました。あれからほぼ１年たちますが、計画の進捗状況はどのように……」

「貴様、口ごたえするのか。その１バンコールに費用対効果はあるのか！」

肌色の人物の発言を途中で遮ってダークグレーの兵隊は立ち上がり、また怒鳴り出した。

「小国のことを決めるのは俺だ。口出しすると小国をつぶすぞ」

とっさに〈わたし〉は窓から顔を引っ込めた。心臓がざわめいて音を立てはじめた。

「恐ろしいものを見てしまった。どうしよう。もし見つかったら〈わたし〉はどうなるのだろう。連れ去られ、見えない存在にさせられてしまうのだろうか」

〈わたし〉は息を潜めて隣の窓へと視線を移した。

30人ほどが大きなテーブルを囲んでいる。テーブルの向こう側の中央に、真っ黒な顔をした男が座っている。その周りを囲むように、さまざまなトーンのグレーの兵隊たちが座っている。皆うつむいて動かない。

中央に陣取っていた黒い男が立ち上がり、全員に向かって話しはじめた。

「いいか、お前たち。我々の連合領土から1バンコールたりとも外には出すことは許されない。バンコールは我々の領土内だけで循環させるのだ。わかってるな。バンコールは我々のものだ」

黒い男は大きな身体を揺らしながら手を振り上げ、声を張り上げた。

「皆、同じ方向、向いているか！」

建物中に響きわたる恐ろしい声に、さまざまなグレーの兵隊たちは一瞬身体をビクッと震わせ、さらにうつむいて小さくちいさくなった。

〈わたし〉の心臓はさらに激しく騒ぎ出した。〈わたし〉は自分の指先がグレーに変わりはじめていることに気がついた。

「大変、この王国の空気を吸うだけで、無自覚にグレーに変わってしまうのかもしれない。早くここから逃げなきゃ。全身がグレーになってしまう前に」

できるだけ王国の空気を吸わないように呼吸を小さくした。最初の窓へと視線を戻すと、ダークグレーの兵隊はまだ会議を続けている。

「小国の憲法？　そんなもの変えてしまえばいいのだ。お前の国は、我々の支配下にある。よって我々はお前の国の憲法を変えることができる。たった今から、新しい憲法を制定する。お前は1バンコールたりとも自由に使う権限はないし、バンコールの使い途について意見する権利もない。だから1バンコールを使ったお前は憲法を犯したのだ。つまり小国領主の責務に反したことになる。もはや同盟の基礎になる信頼は失われた。だから、お前は今日から小国の領主ではなくなるのだ。これが黒い大臣のお考えだ」

「そんなの無茶苦茶ですよ。ひどいじゃないですか。御国と同盟を提携するときに、50年間は私が領土を治めることをお約束しているはずです。領主でなくなるというならば、同盟条約締結時の合意事項をきちんと履行していただけますよね。私が御国の都合で領主を辞めるときにお支払いいいただくバンコールについて、詳細が合意事項に定められ、記載されています。それをお支払いいただけますね。それから、我が小国から御国に預託したバンコールの返済も、予定通りお支払いください」

「ここにお前が憲法に違反したことが記載されている報告書がある。よって我々はお前に支払いをする義務はない」

「報告書ですって？　その内容は事実に反します。会議で1バンコールの使用について報告いたしました。提出した報告書の記録も残っていますし、黒い大臣も出席され承認しましたよね。そもそも、その憲法は今日改変したものじゃないですか。私への支払いをしないためにでっち上げようというのですね」

「これは黒い大臣からの重要なお話であり、黒い大臣の意向は絶対なのだ。ちなみに、お前に領主を任せる合意事項は、小国とお前のあいだの決めごとだ。つまり小国を併合してなくしてしまえば、お前への支払い義務はなくなる。ここからは執行の問題で、黒い大臣は急いでいるようだ」

「えっ？　私どもの産物が素晴らしいから一緒に領土外に売りましょう、そのお手伝いをしますと言ったじゃないですか。同盟条約を締結したときに『小国発の美産物として連合領土外への販売を加速し、さらなる小国の繁栄を目指します』と散々宣伝しましたよね？　御国は、世界王国協会への加盟を復活させるときに、他の王国への説明会に私どもの産物の写真を使いましたよね。『美産物として領土外への展開を加速する』という文言とともに。世界王国協会への加盟が済んだらもう我が小国はいらないということですか。わかりました。あなたは黒い大臣のメッセージを私に伝える役割なのですね。ならば、黒い大臣に直接聞いてみます」

しばらくして、黒い大臣がやってくると同時に、ダークグレーの兵隊は部屋を出て行った。

「お前たち小国は我々の支配下にある。合意事項に書かれたバンコールの支払いは、我々が小国をどう整えるか次第なのだ。お前の権利は小国が存在することが前提で、我々はそれを好きなように整えることができる。すべては俺たちの整え方によるのだ」

「ダークグレーの兵隊は、すぐに併合手続きに入ると言っていましたが、そのスケジュールを教えてください」

「スケジュールとか、決まっているものはない。何かを決めているわけではない。ただ整え方によるのだ」

「ダークグレーの兵隊と話が食い違います。大臣が急いでいるご様子だと聞きましたが、どう整えるおつもりですか。回答をいただけますでしょうか」

「回答はできない。なぜなら私が言ったのは、ダークグレーの兵隊に対してだからだ」

「合意事項にあります通り、私が小国の統治を辞める場合にお支払いいただくバンコールが定められています。それと御国への預託金を私にきちんとお支払いいただけますね」

「だから、何度も言っている。整え方によるのだ」

黒い大臣は、整え方によるという台詞を繰り返した。

「ダークグレーの兵隊は執行を急いでいると言ったのに、黒い大臣は何も決まっていないですって？　ダークグレーの兵隊が嘘をついているということ？　いや、指示をしているのは黒い大臣のはずよ。あの小国の領主様は、他国からの侵略や人さらいから領土を守るために王国の同盟に入ったのに、整え方によって合意事項が無効にされてしまうですって？　なんてひどい。いずれにしても、こんなに簡単に整え方によって、支払いをしないで済ませる方法があるということなの？　憲法なんてないようなものということなの？　こんなめちゃくちゃな王国の存在が許されるなんて。ここはいったい、いつの時代なのだろう。今だったら絶対にあり得ない」

肌色をした小国の領主は、あっという間に取り押さえられ、いなくなってしまった。

すぐに次の会議がはじまった。

ダークグレーの兵隊が、別の小国の領主に同盟条約締結をもちかけているようだ。どうやらこの王国は、周りの小国を同盟に入れることで、バンコールを計上し、国が栄えているように見せるやり方を繰り返しているらしい。

ダークグレーの兵隊は満面の笑顔を浮かべている。

「私どもの王国が持つ厚い人材や武器で、あなたがたの領土を守り繁栄させることをお約束します。契約期間は50年です。50年の同盟条約なんて普通ないですよ。こんなに長くて良い条約はありません。安心ですよね。あなたがたの素晴らしい産物を領土外に売って、ともに栄えていきましょう。ご一緒に」

「ダメ、気をつけて。調子がいいことを言うのは最初だけ。同盟条約締結のあと、あなたがものごとを決めることはできなくなる。意見すら言えなくなる。あなたの知らないところでものごとが決まり、１バンコールすら自由に使えなくなるよう憲法は変えられてしまう。ふと気がついたときには、もう自由はないの。あなたが持っている権利も、整え方によって簡単に無効にされてしまうのよ。そして、最初だったら受けないような別の条約を提示してくるの。あなたが小国の領土を愛しているのを利用しようとするの。あなたが小国を去ることはないと踏んでね。そして見透かしたように、あなたを過酷な労働へ送り込むの。小国を繁栄させるためですと言って。王国がバンコールを蓄えるために働かされるのよ。それを拒否した別の領主様が処刑されてしまったことを知らないの？」

「ダメ！　絶対に信用しないで」

思わず声が出てしまった。全員が〈わたし〉を見た。黒い大臣が立ち上がって〈わたし〉に聞いた。

「同じ方向、向いていますよね」

〈わたし〉は黙っていた。黒い大臣はもう一度〈わたし〉に尋ねた。

「同じ方向、向いていますよね』

〈わたし〉は答えなかった。黒い大臣は念を押すように繰り返した。

「あなたは、我々と同じ方向、向いていますよね」

〈わたし〉は黙っていた。

「処刑しろ」

「誰か助けて！」

「――そういえば、昨日とても恐ろしい夢を見たの。すべてがグレーでその世界には色がまったくない。住人は黒い大臣やグレーの兵隊たちの管理下で、バ、、、ンコールというお金を貯めるために労働させられているの。王様は決して姿を見せることはない不思議な王国。そこは、征服欲と軍隊的なヒエラルキーによって徹底管理されていて、会話はいつも『口出しすると小国をつぶすぞ』で終わるの。人びとは生きているというより、まるでバンコール製造マシーンみたいで、感情とか生きがいとか、人間らしいものは何もない。景色と同じグレーな存在なの。憲法も人権も倫理も、まったく無視された世界で、ただバンコールを増やすことだけが王国での価値なのよ。

ときどき抜き打ち検査があって、バンコールを管理する黒い大臣が『同じ方向、向いていますよね』って聞いてくるの。『はい、同じ方向を向いています』と答えなかったり、うっかり自分の意見を言った人は、兵隊たちに捕らえられてまるで存在しなかったかのように消されてしまう。だから、そこで生きていくためには従うしか方法がないの。グレーの王国では、一つの考え方しか許されない。違う考え方が存在しないように厳格に管理されているの。その上、憲法を制定するのは大臣で、都合が悪くなると憲法ごと変えてしまうのよ。たとえば、領土や産物を差し出して、同盟に参加した小国の領主様は、途中で合意事項を無効にされてしまう。同盟を締結するときは、いいことを言って、ある程度相手の条件をのむでしょ？　でも締結するや否や、ルールの曖昧な部分をうまく利用して無効にしちゃうのよ。グレーの世界に足を踏み入れたら最後、全体主義の中でバンコールを奴隷のようにつくり続けるか、あるいは、見えない存在として消されることを選択するかどちらかしかないというわけ。軍隊的なヒエラルキーで管理しながら、一方で、バンコールを稼げない人たちを即時《すぐに》処刑する、徹底した個人成果主義なのよ。兵隊たちですら、成果を上げないと処刑される。矛盾しているわよね。だって〈わたし〉たちの生きている現代では、自由裁量が許される代わりに個人成果主義が浸透しているわけでしょう？　今がいいともかならずしも言い切れないけど、まるで第2の精神と第3の精神[*28]の間《はざま》、つまり、戦後の成長期と、その後のグローバル化、個人化の時代が重なって生まれた歪んだ時空間に、間違ってでき上がってしまった王国なのよ。本当にひどい世界。こんなに恐ろしい世界を見たのは初めて。そのなかでも、もっとも恐ろしいのは、黒い大臣からの指示に従っているうちに自分がなくなっていくことなの。同時に肌もグレーに染まってしまう。最後には、憲法を犯し、倫理の一線を越えても何も感じなくなる。黒い大臣のお考えだからって。それが普通のことになっていくのよ。バンコールのために、平凡な人が恐ろしいことに加担していくの。ダークグレーの兵隊のように。現実じゃなくて夢でよかった。指先も肌色でほっとした……〈わたし〉、うなされていた?」

「うなされている様子はなかったけれど。でも、ぞっとする夢だね。SF小説で描かれるディストピアみたいだ。昨日観た『未来世紀ブラジル』に影響されたのかな。あれもグレーの世界だったよね。心配ないよ、大丈夫。現代において、すべてが唯一の考え方に支配され、誰も異議を唱えられず、一つの考えのもとにコントロールされるような極端なことは、起こり得ないと思うよ。それも、お金と征服欲のために。う~ん、どう考えてもありえないと思うなあ。人びとは、何が本当に価値や意味をつくり出すのか、何が最終的に経済価値を生み出すのか、わかっているはずだよ。ものごとはそんなに単純じゃないってことをね。今は、複数性や他者の考え方の重要性に異議を唱える人はいないはずだよ。それに、数値化できる客観的な事実と思われてきたことより、感情や感覚のような、主観的といわれているものごとが作用し影響力を持つことは、すでに多くの人びとが認識しているよね。だからバンコールだけが価値というのは、それを理解していないということになる。そのリアリティを前提として、コミュニケーションのあり方を問う作品をつくっているアーティスト[29]はすでにいるし。

そうそう、その展覧会をやっているからちょうど見に行きたいと思っていたんだ。

それから、全体主義って言ったけど、それって言い換えるとファシズムのことだよね。知ってる? ハンナ・アーレントの『一つの側面からしか世界を見られず、世界を一つのパースペクティブで表現することだけが許されるとき、共通の世界の終わりが来るのだ[30]』っていうやつ。学生のときに読んだのを思い出した。

結果が個人に還元され、責任を問われる個人主義の時代であることは確かだけど、現代は、官僚的な支配や軍隊的なヒエラルキーから解放された新たな時代のはずだよ。もし夢のようなことが現実だったら、その王国は、価値や意味の土壌がどのようなものかを理解していないということだから、結局は、経済的利益も手にすることができないんじゃないのかなあ。つまり、その王国は滅びていくことになると思うよ。それに、人間は、そんなに愚かだと思う？」

「……そうだね。人間がそんなに愚かなはずないよね」

37

もうひとつの創造

「デザインのアイディアはどこから？」
「今シーズンのインスピレーションは？」

毎年決まった時期にかならず受ける質問がある。この背後にあるのは、デザイナー神話の存在だ。次々にアイディアが頭に浮かび、取り憑かれたように一心不乱にデザイン画を描く。ときには苦悩するが、決してアイディアが枯れることはない。１人の天才スターデザイナーから、毎シーズン新しいコレクションがつくられる。１９５０年代から80年代に活躍したデザイナーをテーマにした映画によく現れるシーンだ。ファッションショーのシーンでは、ひときわスペクタクルなルックが登場する。

「今シーズンのスペシャルは？」
「今シーズンの新しいものは？」

バックステージフォトグラファーの質問は、

「ヘンテコな帽子はないの？」

つくっているものはすべて〈わたし〉にとってはスペシャルで、すべての商品に説明したい特別な箇所がある。新しさを聞かれても、それを基準にものづくりをしない〈わたし〉には答えるのが難しい。もし「新しくないとダメなのですか」と聞き返したらその場はどうなるのだろう、という考えがいつも頭をよぎるが、口に出すのはやめている。〈わたし〉は少しひねくれているのかもしれない。いずれにせよ、質問の主も〈わたし〉に詳細な説明を求めてはいない。ほしいのはそのままキャッチフレーズとして使えるわかりやすい言葉なのだ。ある一定の方向から考えると、ヘンテコな帽子や、見たこともない新しい形、人を驚かせる何かが創造性を表すものになる。その創造性はスターデザイナーに帰属する。ブランドのビジョンやシーズンの核となるアイディアが、創業者やデザイナー個人の視点、発想からつくり出されることは真実だ。その出発点があるからこそ、ブランドや服はそれとして存在する。

一方で、それだけでは服は形にならず、着る人の手に届くことはない。これも、もう一つの真実だ。〈ファッションをつくる〉、言い換えると、アイディアをデザインにし、さらに服という形にするプロセスにおいて意味を与えていくのは、多くの人の手を経て行われる協同の行為なのだ。かかわる人がそれぞれの役割で何らかの判断をし、それが積み重なって最終的な形になっていく。

縫い上がったファーストサンプルが届く。早く確認したい気持ちを抑えて、段ボールボックスをあけサンプルを取り出す。ビニールのカバーを外して、とにかく一目見る。イメージ通りに上がっていれば一息だが、そうでなければ長い試行錯誤が待っている。サンプルを確認したあと、次は工場からのコメントシートだ。ハンガーの首から下げられたシートには、思ったよりうまくいった仕様、注意点、改善のための提案がびっしりと書き込まれている。その一字一句をなぞるように読む。

「カーブがこのままですとピリつきます」

「身生地を挟んでパイピングにすると生地の厚みもあるので、細くできても5ミリ強が限界です。この仕様でいくとこれ以上細くはなりません。ですが、切り替えたら3ミリの細いラインで仕上がります。切り替えたほうがきれいじゃないでしょうか」

「切り替えて試してくれたんだね。すごくきれいにできている」

企画のユリコと、パタンナーのサチも笑顔だ。ここに〈わたし〉が〈ファッションをつくる〉もう一つの理由がある。とても個人的で小さなアイディアという目に見えないものを、人の手から手へと渡し、つないで形にしていく。自分の経験と技術、アイディアというストックから、最強のカードを1枚差し出す。それに応えるよう、相手も手の内のカードからベストなものを切り返してくる。投げかけと応答を繰り返しながら、最後の大きな意味の塊が生まれるまで、一つずつプロセスを進めていくのだ。コミュニケーションを重ね、満足するものに仕上がったとき、お互いが理解し合いながら進んできたことを再確認する。1年の、いやそれ以上に長いプロセスとつながりのなかで、かかわる誰かが1人でも違えば、あるいは違う判断をすれば、同じ結果にはならない。

影響し合い、ともに変化しながら意味を重ね合わせていく手応えと、そのプロセスに芽吹く喜び。〈ファッションをつくる〉実践《いとなみ》を通して〈わたし〉が希求するのは、これらをつくり出す「もうひとつの創造」なのだ。

38

別れ

あの日、怒鳴り声を背中で聞きながら、〈わたし〉とユキはオフィスを出た。

忘れ物はないはずだ。自分で創業した会社と別れるこの光景《ザ・シーン》が現実なのか、感覚がないままオフィスを出てエレベーターのボタンを押した。ドアがひらくまで、どのぐらい時間が過ぎたのだろう。ユリコとサチがこちらに走ってきた。ユリコは嗚咽をあげながら涙をそのまま放置して、会話にならない状態だった。ピンポンという到着を知らせる人工的な音と同時に、エレベーターのドアがひらいた。乗り込んで振り返り、「また連絡するね」と2人に声を掛けた。他に何を話せばいいのかまったく思いつかなかった。ドアが無言で閉じた。自分や社員の働く姿をイメージしながら物件を選びデザインしたオフィスでさえ、遠い景色に見えた。この場所から一刻も早く立ち去りたかった。膝の震えが止まらなかったが、涙は出なかった。

「とにかく落ち着こう。ここから離れて」

今でもあの日のことを思い出す。そのとき〈わたし〉は大きく息を吸って、できるだけゆっくり吐き出すことにしている。

39

「このドレスは今日会う人へのわたしの想いなのです」

「服が好きなんです」

彼女はそれを服と呼ぶ。それをファッションとは呼ばない。

ファッションと表現したとたん、誰かがつくり出した流行に流される知性なき行為というニュアンスを帯びることを彼女は知っているからだ。さらに、過度の自己表現、見せびらかし、中身以上に自分を良く見せようとする行為や無駄遣い、消費に踊らされるという意味までがついてくる。最近は環境破壊も仲間に加わった。だから、彼女はファッションとは呼ばず、装うことへの愛情を込めて服と言うのだ。毎日どのように着るものを選んでいるかを尋ねると、彼女はこう答えた。

「たとえば雨の日だと、靴はソールがゴムのものになるし、裾が細くて濡れにくいパンツというふうに、天気や、暑い寒いが最初にきて、大体コーディネートが決まっちゃいます。でもいつもそうじゃなくて、誰かに会う日は、その人に会う場面をイメージして決めるんです。会うのが楽しみだと、何日も前から何を着るかを考えて、その人へのわたしの気持ちを膨らませる。つまり、服は相手へのわたしの想いなのです。ふふっ。だから今日は、あなたがつくる服のイメージで選びました。シュッとしてるから、黒が最初に頭に浮かんで」

Zoomの画面越しに、今日着ているものを選んだ理由を説明する彼女の言葉から、服への愛情と生活への感性があふれた。相手を想い、あれこれと工夫しながら何を着るかを考える。創造の原点があるような気がした。

とてもゆたかだと思った。
とても素敵だなと思った。

今日会う人への想いが服に付与されることによって、それはただの服から意味をもつものになる。服に意味づけをすることが〈ファッションをつくる〉行為であるならば、想いを付与して着るという行為は、その人の〈ファッションをつくる〉行為であり、そこには創造性が満ちている。

「コロナで人と会うのが減って、気分が落ち込むことが増えて。気分が落ち込むと着替える回数が減ります」

服を選び着る行為は、感情や精神と密接に結びついている。毎日の生活という営みにおいて、よりデリケートに感情や精神と呼応し合うのだ。

料理を思い出した。食べることは空腹を満たすだけの行為ではない。友人や家族との会話や笑顔がある食事を思い浮かべれば、それは明らかだ。食べることと人間の幸せな関係がある。果たして着ることはどうだろう。着る行為が、ただ暑い、寒いをしのぐだけではないのはわかっている。しかし、着ることは、食べることほど人間との幸せな関係が表現されていないのではないだろうか。

幸せな関係を生む日常にある創造。今〈わたし〉の目の前に立ち現れているファッションの姿は、これまで定義されてきたそれとは違う。彼女には見えているファッションのゆたかさを、じっと見てみよう。それをもっと言葉にしていかなければならない。彼女が「ファッションが好きなんです」とためらわずに言葉に出せるように、既存のファッションの概念を書き換えたいと思った。それは、決して、〈わたし〉たちが見たこともないような姿ではないだろう。歪んだ経済合理性によって後背地へと送られ見えなくなった現実《リアリティ》の中に、別の、かつ多様なファッションの姿はある。それを見い出し表現していくことが、〈わたし〉の使命のような気がしている。

04

身体のその先にあるもの

ベッドから起き上がっても疲れが残ったままだ。身体がひどく重い。黒くどろりとした不純物を、身体にも脳にもため込んでいる感じだ。シャワーを浴びても流れ出てくれない、タチが悪い奴らだ。少し前から勢力を増しているのに気づいていたが、忙しくて放っていた。

「行ってくるね」という声がぼんやり遠くに聞こえたのは、どのぐらい前のことだったのだろう。〈わたし〉を起こすのを諦めて夫は出かけてしまった。

鏡の前を通り過ぎてふと見た自分の顔は、想像はしていたが、やっぱり最悪だ。最悪な顔がどんなものか、まじまじと見て確かめるのは悲しくなるからやめた。〈わたし〉の気分とは関係なく、ブラインドから入ってくる光はとても明るい。たぶん天気は最高だろう。雨ならそれを理由にダラダラと1日を過ごしても、罪悪感に襲われずに済んだのに。

「なんでこんな日に天気が最高なのかなあ」

何もかもが最悪の組み合わせで、どうしたらこの状態から抜け出せるのかわからなかったので、考えるのをとりあえず放棄してパジャマのまま家の中をうろついた。

ベッドの上に寝転がってしばらく天井を見た。小さな薄い染みを見つけ、仲間を探して数えた。しばらくするうちにピントが合わなくなり、目をひらいているだけの状態になった。

どのくらいのあいだ、そうしていたのだろう。遠くに行ってしまった意識を取り戻し起き上がった。キッチンまで歩き、冷蔵庫の中をのぞき込んだ。わかってはいたが、すぐに食べられるものはなく、何も取り出さずにパタンとドアを閉めた。リビングのほうに歩いてソファーに腰をおろし、クッションを枕がわりに完璧に配置して寝そべった。ソファーの前にあるガラスのローテーブルに手を伸ばして一番上の本を取り、ひらいた。ネバーエンディング・リーディングリストのブルデュー[31]やデューイ[32]、ギアーツ[33]ら、積読中の本だ。読むふりをしてみたが、ページの表面を見つめるだけで一向に進まない。壮大な知が詰まった重厚な本を支えるのが辛くなり、腕を降ろしてテーブルに戻した。

ゆっくりと起き上がりダイニングのほうを見た。テーブルの上に置かれた新聞が目に入り、そちらに向かって歩いた。新聞はきれいに畳まれている。

「几帳面だなあ」

ダイニングの椅子に腰を降ろしてから、新聞を手元に引き寄せ最後までゆっくりと紙面をめくった。大きな文字で飾られた記事や広告の見出しだけを読んだ。

「石炭火力 輸出支援を停止　首相、来月にも表明」

「青春を、自粛させない。」

「強い伊勢丹 再構築の春」
「アートで『ニューディール』」[*34]

一通り見終わったあと、今度は、こちらもきちんと半分に折り畳まれ脇によけてあった折込チラシに手を伸ばした。学習塾だ。季節がら東大、早稲田、慶應への合格者数が誇らしげに記載され、合格者の名前と出身校が顔写真入りで出ている。皆、賢そうだ。それから、投資用の一棟売りマンションが並んだもの。あとは、最近よく見る豪華なシニア施設の紹介だ。チラシの紙質もグレードが高い。自分がそこで生活できるかどうか、間取り図を見ながら軽く妄想した。

「1人だったら広さは十分。ご飯も美味しそうだし……」

少なくともあと30年はあるなと思うと、妄想もそれ以上は進展せず、すぐに終わってしまった。またキッチンに歩いた。ぐるりと見まわしてコップに水を注ぎ、それを持ってダイニングに戻った。椅子に座って水を飲んだり、テーブルに肘をついてしばらくボーッとしていたが、そろそろ何もしないが他に思いつかなくなり、着替えることを決心した。

ゆっくりとクローゼットのスペースまで歩いた。扉をひらき、ニットを畳んで仕舞っている引き出しをあけた。厚手は2枚、薄手は3枚を重ねた列がきれいに並んでいる。大半がネイビーで、残りが黒と杢のライトグレーだ。ほとんどが襟ぐりの詰まったクルーネックで、広げてみないと見分けがつかない。すっかり存在を忘れているものも多分、ある。

「まあ似たようなものを、こんなにたくさん買ったもんだ」

ため息をついてから、一番上のニットに手を乗せる。ざらりとした手触りだ。

「これじゃないなあ」

7ゲージの1×1リブが整然と並んでつくる凹凸。畝の凸面に、表編み目のループが規則的に連なっているのが見える。レーヨン70%とポリエステル30%の混率だ。ウールだと暑いけど、シャツ1枚だとまだ肌寒いシーズンのために買ったものだ。このところ出番が多い。

ざらつきを感じながら、親指をニットの下にくぐらせる。つかんだニットをめくり下のニットに手を移す。杢のライトグレーが顔を出す。

弾力のある膨らみ感が手のひらに伝わってくる。滑らかだ。16・5マイクロンのスーパーファインメリノ糸に、極細のポリエステルスパン糸を入れた18ゲージの天竺ダブルフェイスだ。滑らかさと、フォルムのための張りが共存するところが気に入っている。

一瞬それを引き抜こうとしたが、手が止まった。身幅46センチ[*35]のそれは、緩やかだけれど胸に当たり、強めにテンションを設定した裾の1×1リブは腰に密着する。その張り付きを身体が受け取る感覚をイメージした。

「違うなあ」

今は圧や刺激を一切排除して、身体から感じるストレスをゼロにしたい。重い身体の存在を消したいのだ。次の列に手を移す。

梳毛《そもう》ウール特有のドライでチリッとするタッチが手を刺激する。上質なウールを使用した18ゲージの天竺編みだが、凛とした感じを残すため、少し硬めを意識した洗いの仕上げが施されている。今日の〈わたし〉にはチリつきが一層強く感じた。前見頃が2枚重なる凝ったデザインだが、身頃2枚分の重さと仕上げの硬さを、今日の〈わたし〉は通り過ぎた。

親指をかけて端をめくり、下のニットを触る。暖かくて滑らかな手触り。レーヨンとポリエステルのニットだ。ストレッチ性を生かして、身幅は45センチ、着丈は55センチで、ほどよくフィットするサイズ感を狙ったものだ。イタリア製ストレッチ糸の計算された伸びは、身体への圧迫感はない。肌あたりも滑らかだ。コンパクトなトップに、ボリュームのあるパンツを合わせるバランスが気に入っている。

「でも今日はちょっと無理」

着たときに露わになる身体の輪郭が頭に浮かび、取り出すのをやめた。

一番左の列に手を移した。しっとりして優しいカシミアの感触に手が止まる。手のひらをそのままグッと押しあててみる。〈わたし〉の手はそこから離れようとしない。手のひらをもう少し縮めてニットと密着させる。柔らかで軽いタッチと手のひらが互いに吸い付くようだ。迷わず手のひらを最大限に縮めそれをつかんで取り出し、襟リブを指ではさんで持ち直す。裾がストンと下に落ちて畳まれていたそれが広がり、全体のデザインが目に入る。主張するディティールは何もない。その代わり、ゆったりした分量感が特徴だ。後ろ身頃にだけ入るフレア分量が、柔らかなドレープをつくる。

くるりと返し、後ろ身頃をこちらに向ける。開けたままの引き出しの上にそれを置き、パジャマのシャツを脱ぐ。ニットの裾から前身頃と後ろ身頃のあいだに腕を入れ、そのままぐんと奥まで差し入れる。腕に柔らかな感触が伝わってくる。

「やっぱり気持ちいい」

手の甲を柔らかさに密着させながら腕を左右に広げ、袖口まで一気に通す。今度は、柔らかさが腕をぐるりと囲む。広げた両腕に引っ張られて束になったそれが〈わたし〉の首元に密着する。襟ぐりの端と端を親指と人差し指でつかんで引き上げ、頭を一気にくぐらせる。柔らかい感触が額、鼻先、頬を通り過ぎ、首元に落ち着く。肩先と鎖骨の下のあたり、肘の内側にも柔らかさが優しく触れている。

「これかな」

ふんわりとした暖かさが身体の周りにデリケートなバリアを象《かたど》り、それが少しずつ染み込んでいく。癒される感覚。溜まった不純物が少しずつ消えていく。

引き出しを閉め、さらに扉を閉めてから、別の扉を開ける。ハンガーに挟まれたパンツが側面を見せてきれいに並んでいる。左端から右へと、手のひらでパンツの側面を触りながら手を移動させる。6枚目のデニムパンツで手が止まった。デニムという名称はリラックスを連想させるが、13オンスの生地の重さをイメージした途端、気分が重くなった。

「これじゃない。違う」

クローゼットにあるパンツの素材とデザインの偏りを非難しながら、右端まで手を動かした。端から2番目に掛かっているそれをハンガーごと取り出す。軽いが適度に張りがあるコットン素材で、緑味が強いカーキ色。他のパンツの影に隠れて見えなくなっていた。

ウエストのサイズはヒップ寸とほぼ同じぐらいだ。内側に潜らせた共地リボンを引いて前で結ぶ仕様だ。細番手コットンによる繊細な綾織で、品のいい光沢がある。爪で軽く表面をなぞるとキュッと音がする。

パンツをハンガーから外して右、それから左と脚を入れる。パンツを引き上げ、ウエストの紐をパンツが落ちてこない程度に、できるだけ緩く結ぶ。素材の軽い張り感が腿に触れる。意図的に低い位置に付けられたカーゴパンツのようなポケットに両手を入れてみる。手の甲で素材の感触をもう一度確かめる。

「よしっ。これで大丈夫」

きっと朝よりはマシに見えるはずだ。少し元気になった気がしている。

鏡の前に歩いて、自分の姿を見る。

「さてと。外に出ようかな。まずは顔を洗ってね」

47

35度の猛暑とセミの声、冬のコート

久しぶりに友人とウィンドウショッピングに出かけた。ファッションの店を見るのは1年5ヶ月ぶり、２０２０年の３月に黒のボウ・ブラウスを買って以来だ。ブラウスを買ったのは、２年間競業他社との仕事を禁じる、競業避止義務期間中に通うことを決めた大学院の入学式のためだった。新しいブラウスを着ることで、ちょっと面倒だと思う気持ちを抑えて、自分なりに楽しい1日にしたかった。残念ながらCOVID-19により入学式は中止になり、一度も袖を通していない。

そのうち着る場面があるよねと思っていたが、COVID-19は収まらず、デルタ株へと進化して猛威を奮っている。東京都が発表する昨日の感染者数は４１６６人[*36]だった。黒のボウ・ブラウスを着るのは、どうやら卒業式になってしまいそうだ。

買ったのは、刺繍やブランドのロゴのような装飾が一切ない、とてもシンプルなブラウスだ。一方で、膨らみ感がある優しい表情のシルク素材と、ピリつきやダレを許さ

ない凛とした美しい仕立てが、圧倒的な存在感を実現している。10年たっても古さを感じさせないだろう。仕事をお休みしている身分ということもあり、高額品を買うつもりはまったくなかった。できればもっと安いものにしたかった。しかし、何時間もかけてオンラインで探しても、さらにショップをまわっても、買いたい黒のブラウスは見つからなかった。

値段には理由があるのだ。多くの人の手を経ているにもかかわらず、規模の経済や企業努力の範囲を超えて安いのは、どこかで搾取が行われ、歪んだ構造の中でものづくりが行われている結果だ。当然だが、値段には原材料費だけではなく、人びとの実践《いとなみ》によって生み出される価値と、かかわる人びとの労働の対価も含まれている。一方的に安い値段を要求するのは、あなたが生み出す価値と労働にお金を払いませんよと言っているのと同じなのだ。

それから、たとえ着る頻度が少なくても、服は自分の生活に、より正確に言うと、〈わたし〉の精神に入り込んでくる。ゆえに、〈わたし〉は、1回だけだからこれでいいや、という態度《アティテュード》で服と付き合えない。服だけではなく、生活を取り囲むものや人との関係も同様だ。これでいいやの関係は、本心と違う言葉を発してしまったときのように、〈わたし〉を落ち着かない気分にさせる。

表参道のベーカリーカフェで友人と待ち合わせた。平日の午前中だというのに、目玉焼きとソーセージが乗ったパンケーキや、フルーツが添えられたフレンチトーストを食べる人たちでテラス席はいっぱいだった。〈わたし〉はエッグベネディクトとアイスティーを、友人は「え〜どうしよう」と言いながら、嬉しそうにパンケーキを注文した。カフェの賑わいとは対照的に、界隈のファッションのショップは死んだように静かだ。朝食を済ませたあと〈わたし〉たちは、表参道を端から歩きはじめた。

ショップの入り口に立って中に入りたい合図を送ると、長袖のパリッとした白いシャツに黒のジャケットを羽織ったスタッフが小走りでやってくる。

「検温をお願いします」

手首の内側を差し出す。体温計がかざされ、ピピッという電子音とともに体温が表示される。36度2分。どうぞと招き入れるゼスチャーを受けて、消毒液が入った機械に手のひらを差し出す。消毒液が噴射され、手をこすり合わせて乾くのを待つ。量が多すぎるのか、なかなか乾かない手を見たスタッフが申し訳なさそうにペーパーをくれる。この手続きにすっかり慣れてしまった。

店内に足を踏み入れると、長袖のシャツドレス、中綿の入ったコート、ウールの分厚いコート、ウールやカシミアのニットなど、入荷したての商品が整然とラックに並んでいる。気温が35度に届こうとしているが、商品はすっかり秋冬物に入れ替わっている。3週間先に予定しているお盆の休暇に着るワンピースが見つかることを期待していたが、夏物は海外メゾンの店頭から姿を消していた。今日は7月30日だ。

日本の会社が運営するセレクトショップには、一部残されたセールのラックに、シンプルなノースリーブのTシャツや、それがそのまま長くなったTドレス、リネンのブラウスが少しだけ並んでいた。夏物ではあったが、どこも見事に同じような商品で、それはそれで買いたい気持ちにはならなかった。

表参道を半分歩き商業ビルの1階にある店に入った。どこも必要以上にクーラーが効いていたが、ここはまるで北極のようだと思った。白くて毛足の長いファーがついたブーツがディスプレイされているのが視界に入った。白熊のようだと思った。この白熊のようなブーツが〈わたし〉に北極をイメージさせたのだなあと、自分の思考に妙に納得しながら店の奥へと進んだ。

猛暑にもかかわらず、わざわざご来店くださるお客様に涼をとってもらうための気遣いか、あるいは35度の気温でもウールのニットやコートを試着してもらうための工夫なのだろうか。どちらにしても、エネルギー消費量を少しでも減らそうという考えはないようだ。半袖の夏物ワンピースを着ている〈わたし〉にも、長袖ジャケットとシャツという秋の制服を着ている店のスタッフにも、クーラーは平等にかつ容赦なく冷たい風を吹き付ける。その冷たさと磨かれた大理石の輝く白さに〈わたし〉はめまいがした。

「ごめん、外に出るね。ゆっくり見てね。外で待ってるから」

外に出た瞬間、歩道に跳ね返る強い日差しと湿気を含んだもやっとした空気が襲ってきた。まためまいがした。外はまだ夏だった。

「どこかでお茶を飲んで休憩しない？」

あとをついてきてくれた友人に助けを求めた。

「ビジネスをシンプルにし、環境にとっても社会にとっても、より持続可能なものにすること。そしてよりお客様たちのニーズにあったものにすること。具体的には、ファッション産業のシーズンを見直し、春夏物を2月から7月まで、秋冬物を8月から翌年1月まで店頭に置くことや、セールをシーズンの最後（春夏は7月、秋冬は1月）に実施することを提案する」

ファッション産業のスケジュールを見直すための公開書簡がドリス・ヴァン・ノッテンらによって発表され、「Open Letter to the Fashion Industry」[*37]と名付けられた活動が立ち上がったのは２０２０年５月だった。今日は２０２１年７月30日。店頭は分厚い秋冬物で埋め尽くされている。

ファッション産業を支配するスケジュールと構造は、まだ何も変わっていない。

42

久しぶり

「本当に久しぶりだね。元気だった？　なんだか世の中すっかりコロナで変わっちゃったけど、皆元気？」

「元気だよ。おかげさまでうちの家族も元気。コロナで家族４人が家にいる時間が長くなってうるさいんだけど。旦那も接待がなくなって家で毎日食事するから、それがちょっとね（笑）。早く緊急事態宣言が解除されるといいよね。そちらはどう？」

「とっても元気。人間らしい生活してる。毎日うちでごはんをつくっているんだけど、本当に美味しいのよ。肉じゃがなんて最高なんだから。でね、さらに、毎晩しっかりバスタブに浸かってる。信じられないよ。仕事していたときは、夜はもうヘトヘトで、家に帰ってお化粧を落としてパジャマに着替えるだけで精一杯。だから、まったく料理しないで毎日外食していたし、お風呂に入る気力もなかったなあ」

「だって、信じられないぐらい忙しいスケジュールだったよね。仕事が好きなんだろうなあと思って見ていたけど」

「なんかやだな。いや、どうなんだろう？　仕事が好きなのか……わからないなあ。そもそも仕事という意識があったのかどうかもね。もちろん遊びとは違うし、お金を稼ぐことを目的とする労働とも違うから仕事なんだけど。やりたくて好きなことだから、仕事と思ってなかったのかもしれない。だって、次こういうデザインにしようとか、こういうふうにつくってみようとか、こういうの素敵だよね、を考えるのって、〈わたし〉にとって、毎日ご飯を食べるのと同じなのよね。つまり、生きることというか、それをやらないと生きている感じがしなくなっちゃうと思う。ただ、とにかく忙しくって、何だったんだろう。朝9時半にはオフィスにいて、夜は11時まで働いて。30分刻みのスケジュールで次から次へと判断すべきことが降ってきて、本当は立ち止まって考えたくても、そこでものごとを止めるとどこかにしわ寄せがいって、もうできませんとか、工場に入りませんとか騒ぎになる。サンプルが展示会やショーに間に合わなくなるんじゃないかって、いつも不安だったなあ。それに上がってきたサンプルがひどくって、愕然とすることが起こるんじゃないかという脅迫観念。きちんとやっているから多分そんなことは起こらないんだけど、一種の自己否定だったのかなあ」

「たとえ休んでいても、経営者って仕事が頭から離れないよね」

「〈わたし〉が経営者じゃなければ、スタッフの限界も気にせずに、ギリギリとコレクションづくりをやったと思う。でも、経営者としては、組織が不安定になるのは避けたい。組織は本当に難しいよ。もしデザイナーという立場だけだったら、そんなこと気にしなかっただろうし。それから、なぜ自分たちがこの事業をやるのかという目的が一番大事なんだよね。経済価値や費用対効果自体は否定しないし、もちろん無駄は省いて、大切なところにお金をかけるのが正しいと思うけど、その目的によって何が大切で何が無駄と思うかが違ってくる。売り上げはお客様との信頼関係で成り立っているから、一度がっかりさせるようなことをすると、ブランドへの評価は戻らない。あのブランドってこんなもんだよねと思われると、挽回するには何倍もの費用と労力がかかる。時間もね。とても怖いのは、信用は一瞬でなくなることだよ。ブランドの価値は長い時間をかけてつくられる信用の積み重ねだから、一つひとつの行為が価値を加えるのかどうかを徹底的に考えることが大事で、それが未来をつくるんだよね。会社のホームページに、サステナビリティのような言葉を並べても、お客様たちは、それが本気なのかをすぐ見抜くよ。掲げたコンセプトに沿って、何を実践しているのか、行動が矛盾していないかどうかを見てるよ。その言葉が本物かどうかをね。費用がいくらになって返ってくるのか、それも、い、い、いますぐだけが目的であり価値とする考え方では、結局、経済的利益も生み出せないと思うよ。だってファッションは商業的な側面だけじゃなくて、社会的なものでもあるじゃない？　もちろん、利益は重要だけど、いくら儲かるかだけが目的では、ものづくりはできないんじゃないかと思う」

「それだけ余裕がないっていうことだよね。今アパレルは皆そうだから。ボーナスが出ないとか、給与が下がったとかよく聞くよ」

「うーん、大変だよね。でも、それって、そもそも何かがおかしいということなんじゃない？　コロナになって、急に、サステナビリティやデジタル化が業界の合言葉になっているけど、何のためにそうするのかだよね。ものをつくり出す喜びや、お客様からの手応え。スタッフや工場、生地屋さんとの関係から生まれる信頼。そういう、生きる喜びみたいなもののために服をつくるんじゃないのかなあ。資本に還元するための効率化が目的なら、何も変わっていかないよ。そうだ。そもそもおかしいことで思い出した。営業やＭＤの男性は正社員なのに、多くの女性デザイナーは業務委託契約で働いている。すぐに契約を切られてしまう不安があるから、４社の仕事を掛け持ちしてる人もいるよ。これだと、どこも同じようなデザインになるのは当然の結果だし、不安な状態からいい仕事は生まれないよね」

「今やっている仕事は、気に入ったものが上がらなければ出さなくていいというぐらい社長がこだわっているプロジェクトなんだ。工場さんとも丁寧にお付き合いしている」

「それはいいね。自分がいいと思わないものを世の中に出すのは、お客様のことを舐めてるよ。だからとてもいいと思う。本来そうあるべきだよね。今までのような商品数も要らないと思うし、丁寧につくって、丁寧に売って、それでいいんじゃないかな。

今思うと、チームの連携がいいときは結果も良くなるよね。苦しいときもあるけど、お互い影響し、影響されながら、求めるものに近づいていくのは楽しかったなあ。工場さんや生地屋さんとの関係で、商品の仕上がりが変わっちゃうから、いい関係を維持することは本当に大事だよね」

「ねえ見て。女性たちでロビーが満員になってる。ホテルはテーブルの間隔が広いから安心感があるのかなあ。でも、さすがにヒールの人はいないね。ローヒールかスニーカーを履いている。コロナで生活は変わったんだろうけど、ここにいる彼女たちは、どこで、どのように服を買っているんだろう」

「おしゃべりに夢中で、周りに気がつかなかった。仕事を辞めてからずっと考えていたんだけど、やっぱり〈わたし〉は、提案したものを着てもらえることが喜びだったんだよね。服を通じて女性たちからの応答を受け取ることがね。そして、彼女たちの幸せな時間にその服が一緒にあったら……」

それは、ほんとうに、最高なの。

43

未来

「でもね……今までとは、考え方も方法もまったく違うものにしたいの……資本家の利益のためのものづくりではないやり方。つまり、経済的利益を得るために、都合の悪いことや人びとを不可視化するようなやり方ではなくて、かかわる人びとがリスペクトし合い、幸せを感じられるようなものづくり。それはどのような形なんだろうって。それを可能にする社会はどのような姿になるのだろうって。……すぐに答えは出ないかもしれないけれど、それについて考え、対話をしていくことが大事だと思う……未来のためにね。……それから、くわえておくと〈わたし〉が思う素敵な女性はね……もがきながら本気で毎日を生きている人よ。喜んだり悲しんだり……いろいろあるけど……それでも自分の足で立って、本気でチャレンジしている人。そんな女性たちに、ファッションを通じて〈わたし〉は話しかけ、つながっていきたいんだと思う。話しかけて、応答があって、それに〈わたし〉がまた返す………そう、フィッティングルームでのやり取りみたいに。さまざまな感情を共有して、影響し合いながら、何かを見つけるために進んでいくの…………それって…………とっても創造的でゆたかなことだと思わない？

……なんだかまた、涙が出てきちゃった」

I believe one writes because one has to create a world in which one can live.

人は自分が生きる世界を創り出さねばならない。だから書くのだ。

——Anaïs Nin

注

＊1　日経平均プロフィル「ヒストリカルデータ」。https://indexes.nikkei.co.jp/nkave/archives/data

＊2　当時そのブランドのカジュアルラインは「デュラブル」と呼ばれていた。英語で「長持ちする」という意味の通り、ボタンダウンシャツ、ミドルゲージのニット、パーカー、チノパンツやカーゴパンツなど、週末のシーンをイメージした、カジュアルで耐久性のあるアイテムで構成されるコレクションだった。

＊3　PRESIDENT Online「予習型経営を実らせた『知敵之情』——伊藤忠商事社長 岡藤正広［2］」『PRESIDENT』２０１２年８月13日号。https://president.jp/articles/-/7072

＊4　トウシル「東京外国為替市場で１ドル79・75円を記録。当時として史上最高値［１９９５（平成７）年４月19日］」（２０２１年４月19日）。https://media.rakuten-sec.net/articles/-/36883

＊5　ラグジュアリーブレタの坪効率は１２０万円超と、ファッション関連では飛び抜けて高い。ＫＦＭ「商業界オンライン　小島健輔からの直言——ラグジュアリーブランドって『どんだけ売れてるの？ 儲かってるの？』」。http://www.fcn.co.jp/thesis/syougyoukai180331/

＊6　百貨店における坪効率の合格ラインは月坪40万円が業界の認識だ。ちなみに、百貨店の坪効率は月坪１２０万円から25万円と幅があり、月坪30万円以下は存続が危ないとされる。セブツー「ダントツの坪効率は伊勢丹新宿の１２０万円　百貨店月坪効率ベスト60から見えてくること」（２０１９年８月14日）。https://www.seventietwo.com/ja/business/departmenttsubokoritsu

＊7　路面店やショッピングセンターに出店するには、慣例である家賃10ヶ月分の敷金や内装費用などの初期投資がかかる。かつては敷金12ヶ月あるいはそれ以上を要求するショッピングセンターもあった。月坪家賃が４万円、30坪のショップを、敷金10ヶ月、坪80万円の内装費用で出店すると仮定すれば、敷金・内装費用だ

けで3600万円の初期投資が必要になる。
＊8　家賃や初期出店費用をどちらが持つかという条件は、テナント側と百貨店との力関係によって変わる。
＊9　ユナイテッドアローズ編（2014）『UAの信念――すべてはお客様のために』日経事業出版センター、35頁。
＊10　同書、61頁。
＊11　同書、72頁。
＊12　同書、84頁。
＊13　海外ブランドの本社組織をこう呼ぶ。「本国」という言葉には、今でも違和感を抱いている。
＊14　“Prada Buys Jil Sander,” WWD, August 31, 1999. https://wwd.com/fashion-news/fashion-features/article-1089147/
“Jil Sander: The End of the Affair,” WWD, January 25, 2000. https://wwd.com/fashion-news/fashion-features/article-1189037/
＊15　三菱UFJリサーチ&コンサルティング「2005年12月1日の為替相場」。http://www.murc-kawasesouba.jp/fx/past_3month_result.php?y=2005&m=12&d=1&c=187352
＊16　内閣府「平成24年度年次経済財政報告 第1章 第2節 物価を巡る問題」（2012年7月）。https://www5.cao.go.jp/j-j/wp/wp-je12/pdf/p01021_2.pdf
＊17　中島俊郎（2018）「ヴィクトリア朝文化におけるウォーキングの諸相」『ヴィクトリア朝文化研究』第16号。http://www.vssj.jp/journal/16/16-nakajima.pdf
＊18　Vogue Runway: Highlights: Resort 2007. https://www.vogue.com/fashion-shows/resort-2007
＊19　「いせ」とは、「平面の布を立体的に形づくるための技法。いせる部分を細かくぐし縫いをして糸を軽く引き締めアイロンで立体を形づくる」。大沼淳・荻村昭典・深井晃子監修（2014）『ファッション辞典』第6版、文化出版局、560頁。

＊20 FASHIONSNAP.COM「来客者が激減のショップ続出　震災から1週間後の原宿・渋谷・新宿写真レポート」（２０１１年３月19日）。https://www.fashionsnap.com/article/tokyo-street-after-earthquake/

＊21 ＮＨＫ「東電福島第一原発事故とは〈事故の概要〉」（２０２１年３月）。https://www3.nhk.or.jp/news/special/nuclear-power-plant_fukushima/feature/article/article_08.html

＊22 FASHIONSNAP.COM「激動の『百貨店業界』総まとめ〈２０１１年上半期〉」（２０１１年７月19日）。https://www.fashionsnap.com/article/department-2011-01

＊23 nippon.com「訪日外国人旅行者、初の１０００万人突破」（２０１４年１月８日）https://www.nippon.com/ja/features/h00046

＊24 〈わたし〉が契約したショールームは、マルチレーベルショールームと呼ばれるもので、複数のブランドを扱う。50以上のブランドを扱う大規模なものから、オーナーの趣味で選んだ数ブランドのものまで規模はさまざまだ。

＊25 プレスデイとは、ブランドやプレスオフィスが、次のシーズンのコレクションの内容を新聞・雑誌やスタイリストなどメディア関係者にお披露目する会。

＊26 パリで開催される三つのファッションウィークの組織が運営管理を行う組織体。三つとは、オートクチュール、メンズとウィメンズの各パリ・コレクションである。いわゆるパリコレにオフィシャルメンバーとして参加するには、フェデラシオン・ドゥ・ラ・クチュール・エ・モードの承認を得なければならない。組織は最大９名の委員による意思決定機関であるエグゼクティブコミッティと、18名のメンバーで構成される審議・統制機関であるディレクターボードによって運営されている。
https://fhcm.paris/en/the-federation/governance/

＊27 モデルが着用したスタイリングの仕上がり写真と、着せつける際の注意事項を記したボード。モデルごとにつくられバックステージのラックに掛けて使用する。

＊28 Boltanski, Luc, Eve Chiapello（2013）三浦直希他訳『資本主義の新たな精神（上下）』ナカニシヤ出版

＊29 「ダムタイプ 2022: remap」アーティゾン美術館、https://www.artizon.museum/exhibition_sp/dumbtype/
＊30 筆者訳（Arendt, Hannah. 1958: 58）
＊31 Bourdieu, Pierre（1995）石井洋二郎訳『芸術の規則 Ⅰ』藤原書店
＊32 Dewey, John（1969）鈴木康司訳『芸術論——経験としての芸術』春秋社
＊33 Geertz, Clifford（1987）吉田禎吾他訳『文化の解釈学（Ⅰ、Ⅱ）』岩波書店
＊34 日本経済新聞、２０２１年３月28、29日朝刊より。
＊35 ニットの寸法は平らに置いて測る。つまり身幅は全周囲の２分の１だ。
＊36 ＮＨＫ「東京都 新型コロナ ４１６６人感染確認 過去最多 先週より９８９人増」（２０２１年８月４日）。https://www3.nhk.or.jp/news/html/20210804/k10013180651000.html
＊37 引用は「Open Letter to the Fashion Industry」のウェブサイトhttps://forumletter.orgより（筆者訳）。左記の記事も参照。
WWDJAPAN「ドリス・ヴァン・ノッテンが語るクリエイション『私たちは立ち止まってはいられない』」（２０２１年１月２０日）。https://www.wwdjapan.com/articles/1166555
WWDJAPAN「ドリス・ヴァン・ノッテンらが『ファッション業界への公開書簡』『クロエ』も賛同」（２０２０年５月21日）。https://www.wwdjapan.com/articles/1080493

自著解題

〈わたし〉の経験を意味づけ、もうひとつのファッションの社会的世界を想像し、創造する

1　なぜ〈わたし〉は〈ファッションをつくる〉のだろう

この問いが〈あなた〉と出会うために『フィッティングルーム』は生まれた。

本書は、〈わたし〉という〈ファッションをつくる〉[*1]実践当事者が経験したファッションを取り巻く社会的世界のできごとにくわえて、言葉にすることをためらってきた多くの感情や感覚を記述した「オートエスノグラフィー」である。グローバル化とネオリベラリズムが拡大し、ファッション産業が資本の論理にのみ込まれ変容していった１９９０年代から、コロナ禍にあった２０２１年までのできごとを、43の「光景《ザ・シーン》」[*2]（Crapanzano 2006）として描いている。そこには、手応え、喜び、信頼、希望、あるいは違和感、憤り、怒り、絶望、さらには簡単に言葉を与えることができない複雑な、

ときにはひりひりとした感情が生々しく埋め込まれている。

２０１９年５月、自身で創業した会社から離れるという、ほんの少しも予期していなかったことが起こったあのときの〈わたし〉を表現する言葉は、今になっても見つからない。絶望すら湧き起こらず、身体の巡りがすべて止まり、感情も死んでしまったようだった。部屋の電気もつけずにソファーに一日中うずくまり、外出から戻った夫を驚かせた。それでも、身体に宿る「生」[*3]は少しずつ呼吸をはじめ、〈わたし〉の中に怒りと無力感が交互に現れるようになった。

しばらくは、それらの感情に冷静に向きあうことはできなかった。しかし、怒りと無力感とのはざまから、もし人生をともにする生業として〈ファッションをつくる〉実践《いとなみ》以外を選択するならば、何を選んだのだろうかと考えはじめた。その答えを見つけるために、〈わたし〉は自分の経験を振り返り、〈ファッションをつくる〉実践に何を求め、何をつくり出そうとしてきたのかを知る必要があった。このようにして、「なぜ〈わたし〉は〈ファッションをつくる〉のだろう」という問いが生まれた。

2 〈わたし〉の経験を記述するオートエスノグラフィー

『フィッティングルーム』は、〈わたし〉の経験をオートエスノグラフィーとして一人称で記述することにより、経験がもつ主観的な意味から〈ファッションをつくる〉実践《いとなみ》の意義とその社会的側面を明らかにすることを目的としている。

オートエスノグラフィーとは、「自分の経験を振り返り、『私』がどのように、なぜ、何を感じたかということを探ることを通して、文化的・社会的文脈の理解を深める」（井本 2013: 104）質的研究方法の一つである。文字通り、一個人の経験（auto）を文化社会的な経験として理解し（ethno）、記述して体系的に考察を行う（graphy）実践である（Ellis, Adams and Bochner 2011: 1）。

しかしながら、オートエスノグラフィーは、経験した事実を正確に描くことをかならずしも目的としない。重要なのは、「経験についての『意味づけ』を表現」（井本 2013: 108）し、自分の経験に感情や感覚を呼び戻すことによって、経験を「生きられた経験」へと転位させていくことだ。記述のプロセスにおいて〈わたし〉がどのように感情を呼び戻していったのか、その記録の一部を引用する。

> 〈わたし〉に残る感情と記憶の断片を手繰り寄せながら、思い出したシーンの描写を始める。強く記憶に残る出来事、あるいは自身の感情が残る出来事は、不思議と書き出すと細部まで思い出された。描写が細部に進むにつれて、感情がよりはっきりと蘇る。感情が色濃くなるに連れ、今度はシーンが詳細に思い出される。その時、目に映った風景、かいだ匂い、漏れ聞こえてきた人々の会話、相手の表情に現れる〈わたし〉へのサイン。そして自分が何を感じたのか思い出される。感情に入り込んでいくと、気持ちが高揚したり、涙がこぼれたりする。（中略）泣くと消耗するし、記述も進まなくなるので困るのだが、自分の感情を止めないようにした。（龍花 2022）

3　経験が内包する社会構造の再生産と抵抗

一個人の経験から紡がれる光景《ザ・シーン》は、人びとに絡みつく支配的なものを浮かび上がらせる。「社会文化的なルール、人びとの語りといったものはいつも『光景』の中にある」（箭内・西井 2020: 408）ように、個人の経験を語ることは、同時に社会を語ることなのである。個々人の主観的なもの――と私たちが思っているもの――は、さまざまな人やものごとから影響を受け、互いに作用し合いながらつくられる。支配的なものはその過程にするりと紛れ込み、巧みに私たちの現実《リアリティ》をつくり上げるのだ。一方、経験は社会構造の再生産という側面と同時に、構造への抵抗という側面、つまり違和感と反発を含んでいる（Stone-Mediatore 1998: 124; Alcoff 2000: 43–52; 小手川 2020: 12）。

『フィッティングルーム』は、〈ファッションをつくる〉生産力、生産関係やファッション産業における慣習など、ファッションの社会的世界において人びとの行動や思考を規定し、絡みつく支配的なものを捉える試みである。同時に、つくり手である〈わたし〉と作用し合うものごとに対して、〈わたし〉がどのように違和感や反発を感じ、抵抗してきたのかを描いている。

〈わたし〉とものごととの緊張関係に目を向け、交錯する感情をたどる。すると、資本の論理にのみ込まれていくファッションの社会的世界と、〈ファッションをつくる〉実践《いとなみ》を行う〈わたし〉の生とが、噛み合わずに摩擦を起こしているさまが現れてくる。

そこに見えるのは、どのように折り合いをつけていけばいいのか葛藤する〈わたし〉の姿だ。自分に正直になればなるほど摩擦による擦り傷は大きくなり、それに気づかないふりをすればするほど、違う〈わたし〉になっていく。

知ることは書き手に変化をもたらす。現在の〈わたし〉がなぜその光景《ザ・シーン》を選び、書くのか。感情や感覚を手がかりにして書き進めながら、経験が含む意味を知っていくのである。

4 創造的な破壊がもたらす新しい世界

矛盾を抱え込みながら現実《リアリティ》として存在しているファッションの社会的世界と摩擦を起こし、葛藤する苦しさに正直に向き合うと、目の前の現実とは異なる、別の可能性、別のゆたかさがあることに気づく。自分が拠って立つ「価値意識」[*4]の深部へと降りていく苦しさを受け入れる記述のプロセスは、囚われてきた思考を破壊し、新しい視界をもたらす。感情を生き戻し、経験をオートエスノグラフィーとして記述していく過程において、〈わたし〉は解放されていくような感覚を覚えた。最終シーンの43で、〈わたし〉はありうる未来を以下のように綴っている。

でもね……今までとは、考え方も方法もまったく違うものにしたいの……（中略）話しかけて、応答があって、それに〈わたし〉がまた返す………そう、フィッティングルームでのやり取りみたいに。さまざまな感情を共有して、影響し合いながら、何かを見つけるために進んでいく の………それって………とっても創造的でゆたかなことだと思わない？（43「未来」）

〈わたし〉自身が埋め込まれてきた社会構造や考え方、やり方への執着を手放し、変化することで〈わたし〉の前にひらかれた視界だ。囚われた思考をいったん脇に置き、自分の生からものごとを見ることができたとき、世界は違う意味を持ちはじめる。支配的なものに囚われていたときには気づくことのない、もうひとつのファッションの社会的世界だ。〈ファッションをつくる〉経験が含む違和感や反発の感情——それはとても個人的なものであるが——をすくい上げ見つめることは、別の可能性へと視界をひらき、当たり前とされているやり方とは異なるやり方を想像することを可能にする。[*5] それは、社会的世界をゆたかなものへとつくり変えていく契機となる。

5 問いかけ、重ね合わせて、社会を創造する

〈わたし〉の経験へと呼び戻したさまざまな感情や感覚は、さらなる役割を果たす。他者の感情に触れ、さらに「他者がそのような考え方・価値観を持つにいたった経験の経路・流れ＝土壌（中略）つまり『生きられた経験』にまで降り立」つと、「その根っこにあり、われわれが生きている地続きな意味地平を感受させてくれる」（小倉 2014: 32）。人の心や生に触れることに「ありのままの感情で、生身の姿で向き合った時、そこに新しいなにかが生まれる」（岡原 2014: 6）のだ。小倉（2014: 32）は、「人それぞれ」の経験が重なり合う可能性は、新たな他者とつながり、社会的なものを再構築していく創造的契機でもあり、それが「生きられた経験」に接近していくことの意義であると述べている。

『フィッティングルーム』は、〈わたし〉という人間の生々しい感情・感覚やその土壌を表す、生きられた経験そのものである。その生々しさにもかかわらず、『フィッティングルーム』を作品として公共の場にひらいていくのは、〈わたし〉の生と〈あなた〉の生とが出会い、何らかの心の重なり合い[*6]が起きることによって、〈もうひとつのファッション〉の手がかりとなる「意味の塊[*7]」が生まれる可能性があると思うからだ。ぽつりぽつりと生まれた重なり合いがつながり、連なっていくことで、「大きな意味の塊」、つまり社会的なものを生み出し、〈もうひとつのファッションの社会的世界〉を創造する可能性を持つのである。

6　存在意義を問われるファッション

ファッションは、変容への要求を突きつけられている。２０２０年春、日本でも新型コロナウイルス感染症が拡大し、４月７日に緊急事態宣言が発出された。不要不急の外出を控える要請により、ファッションの店舗も対応を余儀なくされた。多くの店舗が、緊急事態宣言が解除される5月25日まで約2ヶ月間閉店したことは記憶に新しい。[*8]経済産業省の統計によると2020年の衣料品などの国内市場規模は2019年の約80％に減少し、[*9]2022年7月になっても衣料消費は2019年同月の85％に留まったままだ。[*10]

より深刻なのは、衣料消費の減少が今にはじまったのではないことだ。2021年における衣料品の国内消費市場規模は、最盛期である1991年の56％にまで落ち込んでいる。[*11]これらのデータから、現在支配的なファッションの構造や慣習と個々人の価値意識との循環が綻び、それが拡大し続けていることが見て取れるだろう。500店舗単位の大量閉店や人員削減を伝えるニュース[*12]の多くは、コロナ感染拡大以前から配信されている。しかしながら、コロナ感染拡大が原因をすり替え、支配的な構造や権力、社会的なルールへの問題意識や批判から目を背けることを正当化しているならば、それは不幸なことだ。

ファッションへの変容の要求はそれだけではない。衣料品の製造・流通過程における環境への負荷[*13]や労働搾取の問題[*14]が可視化され、それらを敏感に感じ取る若い世代によるファッションのボイコット運動[*15]が勃発している。人びとの支出意欲の低下[*16]にとどまらず、繊維工業への就業者数も減少[17]している。ファッションを取り巻くニュースは暗く、ファッションの社会的世界に、人びとの幸せな生の営みは見えない。

このように、ファッションは存在意義を問われている。一方で、ファッション産業を変革していくための処方箋として、サスティナビリティ・トランスフォーメーションやデジタル化が提唱され、推進されている。[18]地球温暖化問題はすでに深刻な状況[19]であり、環境破壊を軽減するための行動は、地球という自然の恩恵の中で生きる誰もが取り組んでいかなければならない喫緊の課題である。デジタル化についても同様、利便性を向上させ、効率化によって生まれた時間を思考や創造、行動、対話に向けていくために、あるいは新たな価値を提供するために、取り組むべき課題であることは確かだ。しかし、それらが依然として〈わたし〉たちが囚われている現在の構造、権力、産業の慣習の枠組みの中で行われるならば、人間や自然を含む世界とファッションの新しい関係は立ち上がってこないだろう。未来は決して突然生まれるものではなく現在と地続きであり、現在は過去の支配的な構造や権力、産業の慣習を再生産し続けてきた〈わたし〉たちの行為の帰結[20]であることを忘れてはならない。

7　ファッションはどのように議論されてきたのか
――先行研究における問題の所在と『フィッティングルーム』の視座

本章では、これまでファッションがどのような視点や方法で議論されてきたのかを批判的に検討し、先行研究における問題の所在を3点述べる。ファッションを対象とする研究は哲学、地理学、経済学、社会学、カルチュラルスタディーズ、服飾史など多くの学術領域にわたるが、おもに社会学をルーツとする研究と「ファッションスタディーズ」[*21]として括られる学際的な研究における議論を取り上げる。その後、『フィッティングルーム』の視座について述べておきたい。

7-1　生産における社会的側面への視点の不在

ファッション理論は、歴史的な考察を提供しながら、〈消費〉を分析対象の主流としてきた（Hoette and Stevenson 2018）。ファッションを社会学の領域から研究する小形道正（2012）は、ソースティン・ヴェブレンやゲオルク・ジンメルを代表例としてあげ、「古典的な社会学において、ファッションは〈衣服と消費〉の関係図式から論じられてきた」と分析する。[*22] ヴェブレンは「衒示的消費」（Veblen 1899=2016）として、ジンメルは「模倣と差異化を同時に行うもの」（Simmel 1911＝2004: 31-3; Carter 2003: 69）として、ファッションの理論的分析を行い、それを社会構造と結びつけてきた。ジャン・ボードリヤール（Baudrillard 1981: 78）もファッションを消費の観点から捉え、社会構造における真の流動性への要求を覆い隠すものとして、ファッションと社会の関係を説明している。

このように、消費に焦点をあてて論じてきたファッション研究であるが、乗り越えるべき課題として指摘されてきたのが、以下の2点だ。第1は「生産と消費の関連づけ」（Entwistle 2000=2005: 339; McRobbie 1997: 84; Aspers and Godart 2013: 189）であり、第2は「ファッションに関する理論を衣服を纏う実践と結びつけること」（Entwistle 2000=2005: 339）である。

ジョアン・エントウィッスルは『ファッションと身体』（2000=2005）において、「状況被拘束的身体的実践 situated bodily practice」という概念的枠組みを提案し、「衣服を単なるモノとして見ないで、人間行為や社会的関係性の中に埋め込まれた存在として見ること」（2000=2005: 16）を主張している。〈身体〉という概念を用いることにより、エントウィッスルは衣服と〈着る〉行為を、さらに着るという個人的な日常行為と社会構造の接続を試みている。

日本では、鷲田清一が身体の概念を用い、現象学からファッションを論じている（[1989] 1996; [1995] 2005; 1998a）。鷲田は「人間の身体の輪郭にあらわれる還元不可能な経験、あるいは根源的な現象における体験という基底に立脚することから、衣服と身体の関係を論じて」（小形 2012: 491）いる。１９９６年に発行された『ファッション学のみかた。』において、鷲田はファッションを考える視点として「身体の演出」と「流行という社会現象」の二つをあげ、「わたしたちの存在の身体性と社会性とが交差するところにファッションという現象が発生する」としている。鷲田の論考に添えられた「ファッション学が衣服の形態や素材の研究だけでなく、衣服をまとう人間と、それをとりまく生活のすべてについて研究する新しい学問だということが最近ようやく理解され始めた」（1996: 5）という見出しの通り、この頃には「研究上の視点が衣服というモノからそれを着る人たちや衣服を介してなされる相互行為にまで広が」（工藤 2021: 172）ったといえるだろう。井上雅人による『ファッションの哲学』（2020）も鷲田があげた二つの視点をふまえた論考であり、ファッションとは、身体と流行のかかわりから見えてくる「日々変化していくという世界観」だとしている。

では、〈消費〉〈身体〉〈着る〉行為を結びつけ発展してきたファッション研究において、「生産と消費の関連づけ」はどのように議論されてきたのだろうか。

生産に焦点をあてた例は、ヴェルナー・ゾンバルト（[1902] 2001: 191-206）によるファッションの創造と維持における生産企業の役割に注目したものをはじめ、ハーバート・ブルーマー（1969）によるファッションの創造プロセスを複数のアクターの段階的な決定とし、ファッションの本質を集団的な選択のプロセスとするもの、さらに、ピエール・ブルデュー（[1974] 1980=1991: 251-64）によるパリのオートクチュールの構造に関する詳細を記述し、保守と革新のメゾンの二極化とそれによって生じる場の力学に着目したものなどがある。

ところが、１９８０年代以降、急速に発展してきた消費社会の拡大によって、消費に焦点をあてた研究が盛んになった。そこでは、消費は「特定の時と場所において支配的な文化・社会的な価値を体現しているもの」（Fine and Leopold 1993: 93）と考えられる一方、生産は「消費者や人々の需要の反映として」（Entwitsle 2000=2005: 2-3）取り扱われている。パトリック・アスパーとフレデリック・ゴダール（2012: 188）は「ファッションは、厳密には消費者が選択することによって初めて成立するが、その選択は、提供されるものによって枠づけられている」と述べ、生産と消費の複雑な依存関係を指摘している。しかしながら、生産の研究については「最終顧客が店舗やオンラインで購入するという行為の前に何が起こっているかを明らかにすること」とし、あくまでも消費を成り立たせるものとして生産を位置づけている。

このように、生産は消費に対して「受動的なもの」(Entwistle 2000: 2) となり、社会学や文化研究は消費に焦点を合わせてファッションを考察してきた。対照的に、生産を取り扱ってきたのは、経済理論やマーケティング、産業史の分野 (Entwistle 2000=2005: 3-4) であった。しかしながら、これらの領域における生産の研究は、いかに消費を促進し経済価値を生み出すかを論じるもので、つくる人びとの実践《いとなみ》に生起する相互作用を対象とする研究へと発展しなかった。生産を「意味の生産」と「ものの生産」の連関として捉えた上で、つくる人びととの実践に着目し、生産の現場においてつくり出される意味の社会的側面や、生における側面を論じる視点は欠如していたのである。

7-2　デザイナー中心主義――神話化と経済的価値への還元

生産の研究とは対照的に盛んに行われてきたのが、デザイナーとその作品に焦点をあてた研究だ。鷲田の編集により１９９８年に刊行された『ファッション学のすべて』では、20世紀のファッションデザイナーや写真家、アーティストが中心的に取り上げられている。また、山田（1992; 1997）、深井（1994）、柏木（1998）、成実（2007）も共通してコレクションブランドのデザイナーとその作品を中心に議論を展開し、ファッションを西洋に起源をもつ近代的現象として認識している（工藤 2021: 55）。

前述のように、１９９０年代には、着る行為への視点は「着る人たちや衣服を介してなされる相互行為にまで」発展してきた。一方で〈つくる〉実践《いとなみ》への視点は、着る行為と同じ方向には拡張しなかった。むしろ、後述する「客体化」や新自由主義における個人主義と結びつき、ファッションデザイナーという「作者」（Barthes 1968=1979: 80）を経済価値へと還元する構造をつくり出してきた。そこにおいて、デザイナーはあるときは神話化され、あるときは不可視化される存在となる。

『フィッティングルーム』のシーン29「デザイナー神話とスペクタクル」の光景《ザ・シーン》は、

神話的デザイナーという作者観を浮かび上がらせる。プレスオフィスのオーナーが言った「デザイナーにはカリスマ性がいるのよ」という言葉の通り、作者を神話化していくことがブランドや商品を売る最善の方法だという考え方が、依然として支配的なのである。ゆえにデザイナーは自らの意思に関係なく、見えるところに登場することになる。デザイナーの個性——エキセントリックかどうか、経歴——ファッションスクールや有名メゾンのトレーニングを受けているか否か、生い立ち——裕福な家系の出身であるかどうか、趣味——本人の着こなしやアートへの造詣の深さ、といった情報が切り取られ、イメージとなって表象される。ロラン・バルト（1968=1970: 80）が、作者という概念はわれわれの社会によって生み出された近代の登場人物であり、その人格に最大限の重要性を認めることは、資本主義イデオロギーの要約であり帰結でもあると批判したのは約50年前のことだ。にもかかわらず、「一部ではいまだにデザイナー神話が紡がれ、作家や作品主義がもてはやされ」（平芳他 2019: 14）、「近現代ファッションの歴史とは、才能あるデザイナーの創造行為、そして彼らが産み出した芸術的作品の記録であるかのよう」（平芳 2018: 14）に語られるのである。[*23]

客体化やデザイナー自身の経済価値への還元という構造の問題は、デザイナー中心主義の中で見過ごされてきたのである。

7-3　客体化がもたらす〈ファッションをつくる〉実践《いとなみ》の不在

〈ファッションをつくる〉人びとの実践《いとなみ》とそこに生起する相互作用を見えなくしてきたのは、客体化[*24]という認識方法である。社会における新たな社会文化的変数を説明するために、近代の理論家たちは客体を社会構造の主要な表象として、また、文化的な断片を歴史的経過を相対化する表象としてとらえてきた（Lehmann 2007=2019: 050）。文化を顕著に表す断片を蒐集し、解読することによって、彼らは近代社会を理論化してきたのである。人間の身体を包み込む流行の服装も、近代社会の一つの側面として客体化されて切り取られ、断片となり、意味を与えられてきた。それは現在でも強い影響力を持ち、ファッションは依然として視覚的な断片を解読するやり方で論じられている。たとえば「オーバーサイズのジャケットやロングブーツを取り入れてマチュアなムード[*25]」、「ハードなレザージャケットやコンバットブーツと、ビジューを散りばめた透け感のあるロマンティックなドレスとの甘辛ミックスのスタイリング[*26]」、「セクシーだけじゃない、コーデの新たな鍵となる新コルセット[*27]」といった言葉が、〈わたし〉たちが触れるファッションの言説となる。

蘆田裕史は『言葉と衣服』(2021: 30-31)において、ファッション雑誌のテクストやコレクションレポートは、具体的に何を意味しているのかを考えると途端にわからなくなるようなものばかりだと指摘した上で、しかし、それゆえに「意味のベール」(Barthes 1967=1972: 8)としての役割を果たすという。バルトによれば、「対象〔物〕の前にイメージや理由や意味のベールをかけ、その周囲には食欲をそそるような間接的な実体をたくみに構築し、要するに現実の対象の疑似物を創り出す必要がある」(Barthes 1967=1972: 8)のだ。

ストリートスナップ、ショーのルック、インスタグラムに投稿されたコーディネイトなど、切り取られ断片化されたイメージは、データ化され解読される商品となって、ファッションの社会的世界を埋め尽くす。シーン37「もうひとつの創造」の会話に現れる、〈新しさ〉〈わかりやすさ〉をつくり出す〈ヘンテコ〉は、それらのイメージを際立たせるのに役立つ。〈ファッションをつくる〉人びとの日常の行為は、断片化されたイメージによってすっぽりと覆われ、後背地へと退き、見えない。

客体化は作者や消費と密接に絡み合ってファッションの構造をつくり出す。そこでは〈ファッションをつくる〉人びとの実践《いとなみ》は不在となるのである。

7-4 『フィッティングルーム』
——〈ファッションをつくる〉人びとの「生の呼吸」を描く

『フィッティングルーム』は、〈ファッションをつくる〉人びとと実践《いとなみ》に着目することで、消費やデザイナー中心主義、客体化にもとづく議論を超え、ファッションを別の概念へと再創造する試みである。くわえて、ファッションを理解する上で課題となってきた生産と消費、社会学においても難題とされてきた意味の生産と物質の生産、これらの関連づけについて一つの答えを提供することを視野に入れている。

しかしながら、本書がファッション研究の発展の道筋に無批判に連なるものでないことは述べておきたい。『フィッティングルーム』は、〈ファッションをつくる〉実践の中で息づく人びとの生を描く表現活動なのである。

生産と消費、意味の生産と物質の生産、政治、経済、社会構造、自然、人びとの感情、行為や価値意識——ファッションの社会的世界は、それらすべてが相互に作用し合い、立ち上がる総体でありつつ、同時に〈ファッションをつくる〉人びとの生命、生活、生涯が交錯する生の時空間でもあるのだ。そこから聞こえる人びとの「生の呼吸」を43の光景《ザ・シーン》から〈あなた〉に感じてもらえることを、本書は目指している。

8　なぜ〈わたし〉は〈ファッションをつくる〉のか、という問いの答えを求めて

〈わたし〉たちは、デザイナーを神話化し、ときには不可視化し、対象の客体化による視覚的な断片を解読し、それらを経済的利益へと還元する構造の中で、〈ファッションをつくる〉実践《いとなみ》を行っている。そこで生きる〈わたし〉は何に動かされ、何をつくり出そうとしてきたのだろうか。

幼少の頃に水色のワンピースから受けた〈高揚〉[*28]の感覚。思春期に雑誌で見た〈自由にかつ生き生きと〉[*29]働く女性への憧れ。〈「人」の存在〉[*30]から感じ取った温かさやゆたかさ。自分の価値意識に忠実に〈働く場所を決める〉[*31]強さへの敬意に動かされてきた。

〈海外ブランド信仰〉[*32]や〈日本での展開はここだけ〉[*33]、〈今シーズン一押し〉[*34]、〈男性目線〉[*35]への違和感や反発を、〈女性による女性のための店〉[*36]、〈大人の女性〉[*37]のための場所づくりや〈自分たちで価値をつくる〉[*38]ことの実現につなげてきた。

そのプロセスにおいて生まれるのは、服という商品だけはでないことに気づく。女性たちとの共感によって生まれる〈コミュニティ〉[*39]やつながり。フィッティングルームでお客様と交わす〈視線だけの会話〉[*40]と、相互作用し合う〈協同〉[*41]関係。「お買い物をして支えなくちゃね」[*42]という連帯。かかわる人びととの〈信頼〉[*43]、〈ネットワーク〉[*44]やそこから得られる〈手応え〉[*45]、そして〈喜び〉[*46]をつくり出してきたのである。これらは利益への還元や経済合理性という資本主義のパラダイムに収まりきらない〈もうひとつの創造〉であり、〈わたし〉が〈ファッションをつくる〉実践に希求したものである。

ファッションが存在意義を問われている現在《いま》、〈ファッションをつくる〉実践当事者が、経験を通して得た意義や社会的価値についての知を外へひらくことが必要だと、書き終えて感じている。それによってファッションがゆたかに再創造されていくことを、〈わたし〉は願っている。

9　おわりに――〈ファッションをつくる〉実践《いとなみ》は社会を創造する

〈わたし〉たちは経済合理性や成長、成功を手放すことができずにいる。しかし、それを所与のものとせず、個々人が感じた違和感や反発に注意深く目を向けていくこと――そこに、支配的な構造とは異なる〈もうひとつのファッションの社会的世界〉の可能性を見出す契機が含まれている。〈わたし〉たち一人ひとりの行動を動機づけるものの中にも、経済的価値とは異なる位相からファッションを組み直す、創造的な破壊のための手がかりが隠れているだろう。〈わたし〉たちが幸せと感じるのはどのような瞬間なのか、どう生きたいのか。正直にそれらに向かい合ったとき、ファッションはどのような光景《ザ・シーン》を描いていくのだろうか。

ファッションの社会的世界は過去から地続きであり、人びとの行為により再生産されることで現在の姿を見せている。別のやり方を想像することは、別の未来を創造する可能性への一歩なのである。

さまざまなものごとが相互作用し立ち上がる総体であり、物質の生産と意味の生産を同時に行う〈ファッションをつくる〉実践《いとなみ》は、社会をつくることであると言えるだろう。ならば、〈ファッションをつくる〉意味と意義を変えていくことで、もうひとつの社会を創造していくことができると考えるのは、的外れではないはずだ。

この考え方を『フィッティングルーム』から〈あなた〉に問いかけ、何かが生まれたら、「それは、ほんとうに、最高なの」*47だ。フィッティングルームという空間で起きるできごとのように、親密さや信頼に満ちたファッションの光景《ザ・シーン》を、〈わたし〉たちは自らの手でつくり出していかなければならない。

『フィッティングルーム』による〈もうひとつの創造〉の実践は、進行中なのである。

注

＊1 ここでは〈ファッションをつくる〉行為は、衣服という〈物質的生産〉と〈意味の生産〉を同時に行うものと定義する。吉見俊哉は「従来のマルクス主義が社会の『土台』としてきた生産力や生産関係も、そこ（文化唯物論——引用者注）では文化の生産を含み込んだ意味=物質的な活動として再定義される」とし、「文化唯物論の観点からすれば、ピアノ製造と演奏は、一方が物質的、他方が非物質的という仕方で分けられない。むしろ、生産の概念を文化の生産まで含めてとらえることが必要である」と説明している。（吉見 2012: 1137）

＊2 「クラパンザーノは、（中略）我々の経験——それは常に間主観的なものである——が、『客観的現実』に還元できない陰影を濃厚に帯びる可能性をいつも持っていることを指摘してそれを『光景 the scene』と呼んでいる。」（西井・箭内 2020: 405–6）

＊3 藤村正之は、「生」とは「生命」「生活」「生涯」の3要素が交錯し、相互反射する総体として持続しながら、わずかな瞬間に輝きにも苦悩にもなり得る決定的な何かを抱え込むあやうさの中にあるものであると論じている。（藤村 2008: 304–7）

＊4 「価値意識」については見田宗介による以下の定義に依拠する。「それは第一に、個々の行為の『動機』や『目的』に関する微視的なアプローチと、『文化のエトス』や『イデオロギー』に関する巨視的なアプローチとを統合し、第二に、人びとの行為や人生における駆動的な側面（『欲望』その他）の研究と、規制的な側面（『道徳』その他）の研究とを包括し、そして第三に『真・善・美』『幸福』等々に関する『哲学的』な考察と、経験諸科学の成果とを媒介するための『橋わたしの概念』(bridging concept) となりうるであろう。」（見田 1966: 1）

＊5 シーン37「もうひとつの創造」、本書261頁。

＊6 小倉（2014: 29）は、他人ごととして感受してしまう枠に切り込みを入れ、他者の生を自らの生と地続きなものとする感覚を「感情共有」と説明している。岡原（2014: 128）は、「感情公共性」を立ち上げる作業はパフォーマンスやワーク・イン・プログレスであり、そこに社会学の営みがありえると述べている。

＊7 シーン37「もうひとつの創造」、本書２６０頁。

＊8 総務省「新型コロナウイルス感染症が社会にもたらす影響」『情報通信白書』令和２年版：138（２０２２年９月29日取得、https://www.soumu.go.jp/johotsusintokei/whitepaper/ja/r02/pdf/n2300000.pdf）

＊9 経済産業省 繊維構造審議会 製造産業分科会 繊維産業小委員会、２０２２、「２０３０年に向けた繊維産業の展望」（２０２２年９月29日取得、https://www.meti.go.jp/shingikai/sankoshin/seizo_sangyo/textile_industry/pdf/20220518_1.pdf）

＊10 総務省「家計調査報告書」、２０２２年（令和４年）７月分（２０２２年９月29日取得、https://www.stat.go.jp/data/kakei/sokuhou/tsuki/pdf/fies_mr.pdf）

＊11 経済産業省 繊維構造審議会 製造産業分科会 繊維産業小委員会、２００２、「２０３０年に向けた繊維産業の展望」（２０２２年９月29日取得、https://www.meti.go.jp/shingikai/sankoshin/seizo_sangyo/textile_industry/pdf/20220518_1.pdf）

＊12 日本経済新聞、２０１５年８月30日、「５００店閉鎖　ワールド、惰性のツケ」（２０２２年10月２日取得、https://www.nikkei.com/article/DGXMZO90824650R20C15A8H11A00/）

WWD JAPAN、２０１５年６月21日、「大手アパレル相次ぐリストラ、大量出店戦略は曲がり角に？」（２０２２年10月２日取得、https://www.wwdjapan.com/articles/3586）

――― ２０１５年８月12日、「ワールドの希望退職者が４５３人に」（２０２２年10月２日取得、https://www.wwdjapan.com/articles/186503）

——— ２０１９年10月３日、「オンワードＨＤに『６００店舗閉鎖』の報道」（２０２２年９月30日取得、https://www.wwdjapan.com/articles/954650）
——— ２０１９年10月３日、「オンワードＨＤが大量閉店で今期２４０億円の赤字に」（２０２２年９月30日取得、https://www.wwdjapan.com/articles/954759）

＊13 DONDONDOWN PRESS BLOG、２０１５年９月18日、「ドンドンダウンの古着の行方」（２０２０年５月26日取得、http://dondonblog.com/pressblog/ドンドンダウンの古着の行方）
「再販売される一部を除き、焼却されたり、破砕されてプラスチックなどと固めて燃料化されたりして実質的に捨てられる数は、年間10億点の可能性があるともいわれる。」（仲村・藤田 2019: 51）

＊14 UDITA (Arise), 28 April 2015, “Documentary about female garment workers, Bangladesh”（２０２０年５月26日取得、https://www.youtube.com/watch?v=g_tuvBHr6WU）

＊15 The Business of Fashion, 19 May 2020, “Global Fashion Agenda Calls on Industry to Rebuild Sustainably”（２０２０年５月26日取得、https://www.businessoffashion.com/articles/sustainability/global-fashion-agenda-calls-on-industry-to-rebuild-sustainably/）
Extinction Rebellion, 2020, “XR Boycott Fashion”（２０２０年５月26日取得、https://extinctionrebellion.uk/event/fashion-costs-the-earth-xr52-boycott-new-clothing/）

＊16 総務省統計局、家計調査通信４３５号、２０２２年５月15日、「衣料品への支出」（２０２２年10月２日取得、https://www.stat.go.jp/data/kakei/tsushin/pdf/22_5.pdf）

＊17 経済産業省 繊維構造審議会 製造産業分科会 繊維産業小委員会、２０２２、「２０３０年に向けた繊維産業の展望」（２０２２年９月29日取得、https://www.meti.go.jp/shingikai/sankoshin/seizo_sangyo/textile_industry/pdf/20220518_1.pdf）

＊18 経済産業省 製造産業局生活製品課 繊維産業のサステナビリティに関する検討会、２０２１年７月、「報告

書――新しい時代への設計図」（２０２２年９月30日取得、https://www.meti.go.jp/shingikai/mono_info_service/textile_industry/pdf/20210712_1.pdf）

＊19 気温が50度前後を記録し、山岳地帯で氷河湖が決壊して壊滅的洪水が起きたパキスタンでは、国土の３分の１が水没している。Science Portal、２０２２年９月12日、内城喜貴、「世界各地で熱波や大雨、干ばつなどの『極端な気象現象』温暖化が影響と国際機関や専門家」（２０２２年９月23日取得、https://scienceportal.jst.go.jp/explore/review/20220912_e01/）

＊20 アンソニー・ギデンズは、個々人の行為と構造は不可分に結びついているとする。そして構造が行為の媒介手段となると同時に行為の結果にもなると考え、これを「構造の二重性」と呼んでいる。（Giddens 1990=1993: 245）

＊21 １９９０年代にファッションを対象とする研究の学際性が言及されるようになった。そして、97年の *Fashion Theory* 創刊を画期とし、２０００年代に入って「ファッションスタディーズ（Fashion Studies）」という学問の枠組みが認識された。

＊22 ファッション研究の歴史は以下の文献にくわしい。

Aspers, Patrik and Frédéric Godart, 2013, “Sociology of Fashion: Order and Change,” *Annual Review of Sociology* 39 (1): 171-192.

Carter, Michael, 2003, *Fashion Classics from Carlyle to Barthes*, Oxford: Berg.

Kawamura, Yuniya, 2018, *Fashion-Ology: An Introduction to Fashion Studies*, London: Bloomsbury Academic.

＊23 平芳裕子は、デザイナー中心主義の近代ファッション史の再検討を行っており（2018: 13-15）、「ファッションデザイン、および現代ファッションの考察において重要であるのは、（中略）作品として具現化されたデザイナーの意図を解釈することではなく、ファッションデザインに兆候的

に現れる文化的諸問題を浮き彫りすることである」（2018: 23）と、ファッション研究のあり方を批判している。

＊24 ウルリッヒ・レーマン（2007=2019: 050）は、「社会において絶え間なく進む客体化」を近代の特徴として指摘し、マルクスの「疎外」、ジンメルの「物象化」、ヴェーバーの「合理化」をあげ、「彼ら理論家は、社会における新たな社会文化的変数を説明するために、『客体』を社会構造の主要な表象として」とらえたと述べている。くわえて、「『人間 対 対象（主観的知覚 対 無機的な商品）』という見方が登場」したことを指摘している。

＊25 Harper's BAZAAR、２０２０年４月10日、「大人こそ楽しみたい！ 永遠の乙女アイテム『ミニスカート』攻略スナップ８選」（２０２２年10月30日取得、https://www.harpersbazaar.com/jp/fashion/how-to-wear/g32067485/how-to-wear-mini-skirt-200410-hb/）

＊26 WWD JAPAN、２０２２年10月７日、「[スナップ] パリコレの目玉『ミュウミュウ』のショー来場者は甘辛ミックスと小物使いでトレンドをけん引」（２０２２年10月30日取得、https://www.wwdjapan.com/articles/1443901）

＊27 VOGUE、２０２２年４月15日、「２０２２-23年秋冬トレンド、決定版。10のキーワードを徹底解説」（２０２２年10月31日取得、https://www.vogue.co.jp/fashion/article/uk-vogue-2022-23aw-top-trend-10）

＊28 シーン１「小さな感動」、本書００６頁。

＊29 シーン１「小さな感動」、本書００９頁。

＊30 シーン５「自分たちで価値をつくる」、本書０２４頁。

＊31 シーン６「働く場所を決めること」、本書０２７頁。

＊32 シーン４「海外ブランド信仰への違和感」、本書０１８頁。

＊33 シーン７「バイヤーの仕事」、本書０３４頁。

＊34　シーン7「バイヤーの仕事」、本書０３５頁。
＊35　シーン10「女性による女性のための店」、本書０４９頁。
＊36　シーン10「女性による女性のための店」、本書０４９頁。
＊37　シーン16「共感とコミュニティ」、本書０８２頁。
＊38　シーン5「自分たちで価値をつくる」、本書０２２頁。
＊39　シーン16「共感とコミュニティ」、本書０８１頁。
＊40　シーン19「フィッティングルーム」、本書０９６頁。
＊41　シーン19「フィッティングルーム」、本書０９８頁。
＊42　シーン22「3・11　２０１１年とそれから1ヶ月」、本書１３０頁。
＊43　シーン42「久しぶり」、本書２９１頁。
＊44　シーン24「拡大とネットワーク」、本書１４９頁。
＊45　シーン37「もうひとつの創造」、本書２６１頁。
＊46　シーン42「久しぶり」、本書２９１頁。
＊47　シーン42「久しぶり」、本書２９３頁。

参考文献

Alcoff, Linda M., 2000, "Phenomenology, Post-Structuralism, and Feminist Theory on the Concept of Experience," Linda Fisher and Lester E. Embree eds., *Feminist Phenomenology*, Dordrecht: Kluwer Academic, 39–56.

Arendt, Hannah, 1958, *The Human Condition*, Chicago: University of Chicago Press.（志水速雄訳、1994、『人間の条件』筑摩書房）

蘆田裕史 2021『言葉と衣服』アダチプレス

蘆田裕史・藤嶋陽子・宮脇千絵編 2022『クリティカル・ワード ファッションスタディーズ——私と社会と衣服の関係』フィルムアート社

Aspers, Patrik and Frédéric Godart, 2013, "Sociology of Fashion: Order and Change," *Annual Review of Sociology*, 39 (1): 171–192.

Barthes, Roland, 1967, *Système de la mode*, Paris: Éditions du Seuil.（佐藤信夫訳 1972『モードの体系——その言語表現による記号学的分析』みすず書房）

——— 1968, "La mort de l'auteur," *Manteia*, V.（花輪光訳 1979「作者の死」『物語の構造分析』みすず書房）

——— 1978, *Leçon: Leçon inaugurale de la chaire de sémiologie littéraire au Collège de France prononcée le 7 janvier 1977*, Éditions du Seuil.（花輪光訳 1998『文学の記号学——コレージュ・ド・フランス開講講義』みすず書房）

Baudrillard, Jean, 1981, *For a Critique of the Political Economy of the Sign*, translated by Charles Levin, St. Louis, MO: Telos Press.（今村仁司・宇波彰・桜井哲夫訳 1982『記号の経済学批判』法政大学出版局）

Blumer, Herbert, 1969, "Fashion: From Class Differentiation to Collective Selection," *The Sociological Quarterly*, 10(3): 275–91.

Bourdieu, Pierre, 1984, *Questions de sociologie*, Paris: Les Éditions de minuit.（田原音和監訳 1991『社会学の社会学』藤原書店）

Carter, Michael, 2003, *Fashion Classics from Carlyle to Barthes*, Oxford: Berg.

Crapanzano, Vincent, 2006, "The Scene: Shadowing the Real," *Anthropological Theory*, 6(4), 387–405.

Ellis, Carolyn, Tony E. Adams and Arthur P. Bochner, 2011, "Autoethnography: An Overview." *Forum: Qualitative Social Research*, 12(1), Art. 10.

Entwistle, Joanne, 2000, *The Fashioned Body: Fashion, Dress and Modern Social Theory*, Cambridge: Polity Press.（鈴木信雄監訳 2005『ファッションと身体』日本経済評論社）

Fine, Ben, and Ellen Leopold, 1993, *The World of Consumption: The Material and Cultural Revisited*, New York: Routledge.

深井晃子 1994『20世紀モードの軌跡』文化出版局

藤村正之 2008『〈生〉の社会学』東京大学出版会

Giddens, Anthony, 1990, *The Consequences of Modernity*, Cambridge: Polity.（松尾精文・小幡正敏訳 1993『近代とはいかなる時代か？――モダニティの帰結』而立書房）

平芳裕子 2018『まなざしの装置――ファッションと近代アメリカ』青土社

平芳裕子・蘆田裕史・牧口千夏・三浦哲哉・門林岳史 2019「共同討議『ファッション批評は可能か？』（特集＝ファッション批評の可能性）」『表象』表象文化論学会／月曜社、13: 14–46

Hoette, Ruby and Caroline Stevenson eds., 2018, *Modus*, Onomatopee.

井本由紀 2013「オートエスノグラフィー」藤田結子・北村文編『現代エスノグラフィー――新しいフィールドワークの理論と実践』新曜社、104–111

井上雅人 2019『ファッションの哲学』ミネルヴァ書房

柏木博 1998『ファッションの20世紀——都市・消費・性』日本放送出版協会
Kawamura, Yuniya, 2018, *Fashion-Ology: An Introduction to Fashion Studies*, London: Bloomsbury Academic.
小手川正二郎 2020「経験の記述は、なぜ批判的なのか——現象学がフェミニズム的でなければならない理由」、日本現象学会シンポジウム「フェミニスト現象学は何をもたらしうるか」（２０２２年5月12日取得、https://researchmap.jp/kotegawa/presentations/31692804）
工藤雅人 2021「『ファッション研究』の研究動向」『日本家政学会誌』72 (3): 172–9
Lehmann, Ulich, 2007, "Benjamin and the Revolution of Fashion in Modernity," Malcolm Barnard ed, *Fashion Theory: A Reader*, London: Routledge, 422–43.（田邉恵子訳 2019「ベンヤミンと近代のファッションという革命」『表象』(13): 50–77）
McRobbie, Angela, 1997, "Bridging the Gap: Feminism, Fashion and Consumption," *Feminist Review*, 55(1): 73–89.
見田宗介 1966『価値意識の理論——欲望と道徳の社会学』弘文堂
仲村和代・藤田さつき 2019『大量廃棄社会——アパレルとコンビニの不都合な真実』光文社
成実弘至 2007『20世紀ファッションの文化史——時代をつくった10人』河出書房新社
小形道正 2013「ファッションを語る方法と課題——消費・身体・メディアを越えて」『社会学評論』63(4): 487–502.
小倉康嗣 2014「生きられた経験へ——社会学を『生きる』ために」、岡原正幸編著『感情を生きる——パフォーマティブ社会学へ』慶應義塾大学出版会、14–36
岡原正幸 2014a「生と感情の社会学——まえがきにかえて」、岡原正幸編著『感情を生きる——パフォーマティブ社会学へ』慶應義塾大学出版会、5–13
——— 2014b「ワーク・イン・プログレスとしての社会学作品——あとがきにかえて」岡原正幸編著『感情を生きる——パフォーマティブ社会学へ』慶應義塾大学出版会、124–129
Simmel, Georg, 1919, *Philosophische Kultur: Gesammelte Essais*, Leipzig: A. Kröner（円子修平訳 2004『ジンメ

ル著作集7　文化の哲学』白水社）
Sombert, Werner, [1902] 2001, “The Emergence of Fashion,” Stehr, Nico and Reiner Grundmann eds., *Economic Life in the Modern Age*, Milton: Taylor & Francis Group. 191–206
Steele, Valerie. ed., [2009] 2019, *The Berg Companion to Fashion*, Bloomsbury Publishing, USA, xvii–xviii.
Steele, Valerie. ed., 2005, *Encyclopedia of Clothing and Fashion*, Thomson Gale, Farmington Hills, MI, xv–xviii.
Stone-Mediatore, Shari. 1998, “Chandra Mohanty and the Revaluing of ‘Experience’,” *Hypatia* 13:116–33.
龍花慶子　2022「再帰的創造（Reflexive Creation）――『わたしの物語』とファッションの概念を書き換える」慶應義塾大学大学院政策・メディア研究科２０２１年度修士論文
Veblen, Thorstein, 1899, *The Theory of the Leisure Class: An economic study in the evolution of institutions*. New York: Macmillan.（村井章子訳　2016『有閑階級の理論［新版］』筑摩書房）
山田登世子　1992『モードの帝国』筑摩書房
――――　1997『ファッションの技法』講談社
箭内匡・西井涼子　2020「アフェクトゥスとは何か?」、西井涼子・箭内匡編『アフェクトゥス――生の外側に触れる』京都大学学術出版会、405–434
吉見俊哉　2012「文化唯物論」、見田宗介顧問、大澤真幸・吉見俊哉・鷲田清一編『現代社会学事典』弘文堂、1137
鷲田清一　[1989] 1996『モードの迷宮』筑摩書房
――――　[1995] 2005『ちぐはぐな身体――ファッションって何?』筑摩書房
――――　1996『ファッション学のみかた。』朝日新聞社
――――　1998a『悲鳴をあげる身体』ＰＨＰ研究所
――――　1998b『ファッション学のすべて』新書館
――――　1998c『ひとはなぜ服を着るのか』日本放送出版協会

謝辞

『フィティングルーム』は、２０２２年３月に慶應義塾大学政策・メディア研究科に提出した修士論文「再帰的創造（Reflexive Creation）――『わたしの物語』とファッションの概念を書き換える」の一部として執筆したオートエスノグラフィーに加筆修正を施し、一つの作品として刊行するものです。オートエスノグラフィーという方法については自著解題の第２章に記しましたが、本書の内容はすべて、著者自身の経験に着想を得た物語です。

振り返ると、修士研究の主査であった加藤文俊先生からいただいた「書いてみたらどうですか」という助言が、『フィッティングルーム』が生まれるきっかけとなりました。加藤先生に深くお礼を申し上げます。諏訪正樹先生には一人称研究や意味について、また分析の手法について多くのご指導をいただきました。國枝孝弘先生にはナラティブや対話について、また言語の創造性について丁寧にご指導いただきました。心より感謝とお礼を申し上げます。アートベースリサーチ研究会でご指導いただいた岡原正幸先生には、研究がパフォーマティブであることの重要性、そして研究の一部を作品として切り出しひらいていく意味と意義を教えていただきました。論文指導をいただいた浜日出夫先生は、まだまとまらない論文原稿から、研究の方向性を見抜き助言をくださいました。大阪大学人類学研究室の森田敦郎先生には、ポストアクターネットワークアプローチやアフェクトセオリーについて貴重なお話を伺いました。深く感謝とお礼を申し上げます。学問をつないでいくことの大切さを感じています。

授業で研究にコメントをいただいた毛利嘉孝先生、宮代康丈先生、藤田護先生、西川葉澄先生、野中葉先生、山本薫先生、ありがとうございました。研究を進めていく上で多くの示唆を得ることができました。すべての方のお名前をここで挙げることはできませんが、コメントをくれた研究会の仲間たち、授業で一緒になった仲間たちに、あらためてこの場をお借りしてお礼を申し上げます。

多くの方々からコメントやアドバイスをいただき、影響されながら、ときには落ち込みながらも、本研究は少しずつ形になっていきました。

アダチプレスの足立亨さんは、『フィッティングルーム』が世に出るためにご尽力くださいました。足立さんとの縁をつないでくださった林央子さんには、修士研究において対話者としてもご協力いただきました。感謝の念に堪えません。本書に力強い意味と存在感を与えてくださったアートディレクターの帆足英里子さん、ありがとうございました。

　それから、〈わたし〉の新たな挑戦をいつも見守っていてくれる夫と、両親そして両親を支えてくれている弟、かけがえのない家族に、心より感謝を込めて。

　最後に、『フィッティングルーム』を読んでくださった〈あなた〉に感謝を申し上げます。ファッションとは何か、なぜ〈ファッションをつくる〉のか、ファッションの存在意義は何か——本書を通して、ともに向き合い、ともに感じ、ともに考えることができれば、この上ない喜びです。

２０２３年４月

小野瀬慶子

小野瀬慶子（おのせ・けいこ）

慶應義塾大学商学部、文化服装学院ファッション工科専門課程アパレルデザイン科卒業。伊藤忠ファッションシステム、ユナイテッドアローズをへて、2006年にYOUR SANCTUARYを設立。翌年「ザ シークレットクロゼット」1号店をオープンし、国内外のブランドと自社コレクションを販売。16-17年秋冬シーズンよりウィメンズコレクション「シクラス」を立ち上げ、パリのショールームを拠点に世界各地の小売店に販売。パリ・ファッションウィーク公式メンバーとして、18-19年秋冬シーズンよりプレゼンテーションを、19-20年秋冬シーズンにショーを行う。19年、同社代表取締役を退任。22年、慶應義塾大学政策・メディア研究科修士課程修了。現在、同後期博士課程在籍。専門はファッションの社会／人類学。

フィッティングルーム

〈わたし〉とファッションの社会的世界

2023年6月1日　初版第1刷発行

著者　小野瀬慶子

ブックデザイン　帆足英里子（ライトパブリシティ）
校正　聚珍社
印刷・製本　シナノパブリッシングプレス

発行者　足立 亨
発行所　株式会社アダチプレス
〒606-8386
京都府京都市左京区川端通孫橋東入新丸太町75-13-101
電話　075-366-4889
email　info@adachipress.jp
adachipress.jp

NDC分類番号704　四六変型判　総ページ344

ISBN978-4-908251-17-7　Printed in Japan